U0012444

藍學堂

學習・奇趣・輕鬆讀

怕什麼？
如果你的夢想
值得冒險

Dream First, Details Later

How to Quit Overthinking & Make It Happen!

艾倫·班奈特
Ellen Marie Bennett — 著
何玉方 — 譯

獻給我的外婆、母親和多位阿姨——

這些堅強的墨西哥女性撫養我長大，

教導我勇於表現、永不放棄、全力以赴做對的事。

也獻給世上所有夢想家、行動者和努力不懈的人。

任何事都有可能，一切努力都值得。

目錄

怯步前，搶先付諸行動

➡️「嘿，有個女孩要替我們餐廳做一些圍裙。」洛杉磯 Bäco Mercat 主廚約瑟夫問道：「妳想不想買一條？」

現場空氣瞬間凝結！我是在約瑟夫・森特諾大廚（Chef Josef Centeno）餐廳工作的廚師，不認識這家圍裙供應商，但知道自己並不想買她的圍裙。

我的天啊！我提過自己的圍裙公司嗎？我的意思是，我還沒成立這家公司，但是我**打算成立**。我的圍裙會讓每個人都覺得自己很重要，認為自己是了不起的廚師、藝術家和創作者。我們都討厭穿廉價、粗製濫造的圍裙，它們看起來就像醫院的住院服。這是千載難逢的好機會，我必須好好把握！

「廚師，我開了一家圍裙公司！！」我說道，並且大膽修改動詞時態，「我可以幫你製作這些圍裙」。

「妳在說什麼？」約瑟夫大廚說，對我報以非常熟悉、沉穩、好奇的眼神，「妳只是在我廚房切菜的員工耶」。

「主廚，我開了一家圍裙公司，是最近剛成立的，我很樂意幫你製作那批圍裙，我絕對可以辦到。她跟你收多少費用？她用什麼布料？什麼時候交貨？我都可以做得更快、更好！」

「她說需要6星期。」

從他的語氣中，我可以感覺到，主廚對交貨時程不太滿意。

「我可以在4星期內完成。」我說。

「真的嗎？」他問。

　　我回答：「是真的，我已經在做了！」嗯，我和同事凱文一直在討論這件事，事實上我剛剛申請了「企業經營別稱」（DBA），這是註冊公司的第一步，所以感覺很真實，至少對我來說。所謂的「公司」其實還在我腦海裡，尚未有設計圖樣、樣板，也還沒有布料，我連布料在哪買都還不清楚。我當然也不知道如何經營公司，沒有基本設備，甚至還不知道誰有縫紉機。我不知道各個環節需要花多少時間，更別提全部完工的時間了。但我下定決心要試試看，絕對要完成使命。

　　「好吧，沒問題，成交！」主廚表示。
　　哇靠？！真的嗎？

　　如果我搞砸圍裙，可能會丟了這份差事，更不用說我極度崇拜約瑟夫大廚。我可不想讓這件事出包，不能讓他失望，**絕對不行啊**！我下班之後，打電話給凱文，告訴他我們接到了一筆40件圍裙的訂單，雖然我們最後一次討論的內容還只是關於草創初期的決策，例如，尋找布料和樣板，還有公司該叫什麼。
　　我製作圍裙的夢想源於自己觀察到的這件事：每次輪班結束時，廚房的工作人員會脫掉工作服，換上私服，結果看起來就像變了個人。下班後換上便服，或者是星期天我們在農夫市集巧遇時，他們的步伐看起來更有活力，也比較輕鬆自在（這裡說的「他們」，其實也包括我）。我們穿的制式圍裙若不是

從亞麻織品供應商租借而來，就是盡可能便宜買來的，我們因此看起來無足輕重。這些圍裙幾乎都是由看似布料的薄紙做成的，款式非常陽春，通常都沒有可調整的繞頸肩帶，也沒有實用的口袋可以讓我們裝小鉗子、筆等工具。就算有口袋，輕輕一扯就破了。晚上下班後，我們把圍裙拋在一邊，那種用完即丟的感覺仍然伴隨。這一點一定要改變。**廚房裡的每個人換上圍裙之前，感覺真有這麼糟嗎？如果有一件制服能讓他們穿了覺得自己很重要呢？**

在忙著處理餐點之間的空檔，凱文和我總是集思廣益，我會快速記下這些想法，夾在食譜書裡，旁邊放著烹飪筆記。

至於想找出靈感，我只要低頭看看自己身上的圍裙就行了。我的口袋總是會勾到小冰箱手把，莫名其妙就扯破了，一塊破布料就一直懸著。在點餐和出餐之間，我趁空檔畫下新圍裙設計的草圖，為了因應廚房工作的混亂，口袋各個邊角需要加固。

我問凱文：「嘿，你覺得這個圍裙設計怎麼樣？」就在他料理和牛或當晚負責的肉品之際，我們很快地交換一些意見。我馬上又像蜂鳥般，快速飛回廚房。他比較會反思，也喜歡分析一切，我們兩人正好互補。

然而，再次強調，凱文和我沒有任何計畫、沒有供應商，也沒有生產流程，現在我們只有4星期取得一切。在這種情況下，我很容易陷入兩種災難狀態：

①

我很可能非常徬徨，不知道下一步該怎麼辦，以至於索性當隻縮頭烏龜，不想面對現實，等著一切問題自動消失。我幹嘛要自找麻煩呢？！我根本不知道自己是不是能夠勝任啊，我真是瘋了！

②

我本來可以在採取行動之前，先規畫好公司的每個細節，對每個必要步驟鑽牛角尖，最後整個生產變得一團混亂，因而錯失交貨日期，造成計畫失敗。

相反的，我選擇了勇敢向前行，而非追求完美，這是我一直以來採取的做法：決定去做、嘗試、失敗、學習、克服困難、再次嘗試，一直堅持下去，努力不懈。我從小就不是凡事三思而後行的人，像是趁媽媽上班時，未經她許可就把每間房間重新粉刷一遍（她後來很冷靜地對我說，我做得「很好」）。還有，由於我的單親媽媽不善理財，在我還是青澀的高中生時，就接管了家庭財務（我在這一路上搞清楚了支票簿和預算規畫）。

百折不撓
＝
傷痕累累
＋
持久毅力

但這並不代表我總是成功，正好相反，正如我學到的教訓，錯誤真的是無可避免，尤其是當你衝得很快的時候。但是我明白，只要我持續向前，一直採取行動，最終總會解決問題。

好吧，生產圍裙需要什麼？

嗯，我們需要製作圍裙的樣版、布料和裁縫師。要取得這些，我們需要資金和計畫要點。作為二廚，我每小時只賺10美元（當時的最低工資），所以我的收入不足以資助整個生產事業。我於是向約瑟夫大廚請求訂金，他同意先支付一半款項，大約750美元，我們再投入500美元的儲備金，但對創辦公司而言還是不夠。我甚至沒有縫紉機（也不知道如何操作）。但是，我知道自己想做什麼，圍裙設計也有粗略的樣式。現在，我們需要一些助手，啊！早在一開始就需要了！

凱文想到向我介紹他的朋友，名字也叫凱文。凱文・卡尼（Kevin Carney）擁有設計／零售百貨商店（Mohawk General Store）經歷。我很快發現他有打樣的專業技術，太棒了！我不知道他收費多少，但直覺告訴我，應該不是我們能負擔的。因此，我想到了可以用什麼做為交換條件，而不用付費：嗯，我可以做私人廚師，我是 Bäco Mercat 和 Providence 的二廚，那可是米其林二星的餐廳，而且有誰不喜歡美食？為了讓公司能順利開業，我可以用美食佳餚來交換自己需要的東西？

> 追求夢想之際，在勇於嘗試、鬥志旺盛或自我
> 表現時，臉皮厚一點無妨！永遠不要因為別人
> 說了什麼而感到羞愧，因為努力創造自己的人
> 生沒有不對。把害羞和害怕「受到拒絕」的感
> 覺拋諸腦後。同時，忘了那些拒絕過你的人。

「我在Providence高檔餐廳做廚師，所以……」我對凱文‧卡尼表示：「我打算為你準備佳餚，而你幫我設計樣版，你覺得如何？」

凱文‧卡尼揚起眉毛，透露懷疑，但也充滿了好奇心，他同意了。當然，他可能認為我有點瘋狂、真的走投無路似的，但只要我能拿到樣版都無所謂，我可是有筆訂單要完成啊！

凱文‧卡尼坐在我簡陋的廚房裡，還有我室友來回走動，我為他做了一份簡單卻精緻的歐姆蛋和沙拉。他的樣版製作技巧非常純熟，拿著紙張透著光線，修飾這、編輯那、調整長度。在我還搞不清楚狀況時，樣版就已經處理好了。

接著，凱文‧卡尼居中牽線，讓我們與某人聯繫，對方認識一位鞋匠，而那位鞋匠又認識某個曾幫他剪裁皮革的人。我

的西班牙文正好派上用場。他邀請我們到他的「工作室」去，地點座落在一條滿是破舊車輛的死巷裡，路上有野狗到處亂跑，看起來就像年久失修的老房子。對方有一台被某戶人家丟棄的縫紉機。他是一位老派的schmatta（猶太俚語，意為賣衣服／從事服裝業的人），人生飽經風霜，但經驗豐富。此外，他有位名叫荷西的員工，可為我們縫紉。我們立刻達成協議，我給他樣版和挑選的布料樣本。他是專業好手，所以忍受我們的極度不專業。

幾天之後，我們拿到了第一個樣品，也試穿了，我們不專業的地方真的很明顯，大小問題隨處可見。因此，我們調整了樣版，做出新樣品，這回又變成長度沒正好落在膝蓋，而且出現褶皺，所以我們在背部修掉1英寸。不斷調整、改善、追求進步。

我們也經歷幾乎一樣多次的嘗試才找到合適的布料。由於我們並不了解布料的預縮處理、品質、重量或產地（太多細節要注意了！），凱文把長達約29碼的布料（我們原以為是優質牛仔布）帶到洗衣店，把它洗好晾乾，沒想到洗過後看起來不太對勁。於是，我們架設了兩個熨衣板，把布料放在兩端，試圖把褶皺燙平，但實在皺得太嚴重了，好像不管怎麼樣都燙不平。失敗之後，我們不得不重新購買布料，一切從頭開始。

然而，我們竟然完成任務，把圍裙準備好了，實在沒有多餘時間分析錯誤或修正流程，因為我們必須及時完工交貨！

　　我把圍裙成品準時交給了約瑟夫大廚！哈利路亞！太令人興奮了！

　　圍裙熨燙平整，像箭牌口香糖包裝似的整齊堆疊。我自豪地笑了。最棒的是，當廚師們穿上圍裙時，都不自覺地抬頭挺胸，看起來更加自信。他們很高興有更好的裝備，但最重要的是，我認為他們是高興自己受到了貼心關注，有人注意到所有細節，製作出適合廚師工作、實用又美麗的圍裙。

▲　與 Bäco Mercat 餐廳主廚約瑟夫和工作夥伴穿著我們的首批圍裙，合影留念

● ● ●

　　以上是我這間市值數百萬美元公司不可思議的起點，也是自己人生重要的轉振點，這使我成為真正的企業家。我把成功歸功於許多的勇氣、運氣和來自許多人的幫助，但最重要的是，我願意嘗試。我們花了太多的時間去計畫、評判，最後打退堂鼓，卻沒有下功夫去擁抱那些瘋狂的想法，努力克服困難、實現創意構想。這就是我的旅程，本書的目的正是要告訴你如何夢想成真。

　　我受到兩種文化和成長環境啟發，將公司命名為赫德利&班奈特（Hedley & Bennett）。首先，我以英國祖父赫德利・班奈特命名，他是機械工程師、道地的火箭科學家，分析能力很強的那種人。此外，邁克爾・西馬魯斯蒂大廚（Chef Michael Cimarusti）在廚房都叫我班奈特，這對我來說代表了自己的拉丁文化和教養，更帶點活力和色彩。從一開始，H&B的每個細節都是為了表達我來自哪裡，以及想與他人分享什麼。我們用一件圍裙串聯人們，再從此處延伸、擴展至全世界。

　　我們的圍裙如今出現在世界各地成千上萬家餐廳，也深受無數家庭廚師喜愛。我本來只打算生產世界上最優質的圍裙，實際上卻改變了雇主對待一群現代藍領工人的方式，也改動了廚房員工的觀感。經過多年與第一線廚師的合作，我們的圍裙就像專業廚房與家庭廚房之間的橋梁，因為無論你是什麼身

分，當你穿上H&B時，你就是專業廚師，有能力實現任何夢想。這個最初的想法已成為許多客戶的基本信念，他們胸前都佩戴著H&B的標誌且引以為傲。這不僅僅是一件制服，而且展現了一種態度。

在接下來的章節中，你會發現我如何先讓夢想起飛，再解決細節問題而成功創業的故事。這個故事也關乎我如何大膽放手一搏並鼓勵你也應該勇於冒險。無論你想創業、啟動個人計畫，或者鼓起勇氣向老闆推銷個瘋狂點子，還是想戒掉該死的拖延心態，更大膽地生活，你都可以利用本書產生靈感和動力，停止空想，付諸行動。**我們每個人內心都有創業的念頭，也絕對有能力改變自己的人生**，所以，不要再懷疑，努力讓夢想轉化為現實。

事實是，即使你不知道該如何執行，也可以先答應，隨後再運用自己解決問題的創意、熱情和勇氣，去征服迎面而來的困難挑戰。

我本來可以等到比較不忙時，再來思考創業的想法，但我已經有三份兼差了，絕對不需要第四個計畫案！更別提這還不是普通的計畫，而是創辦一家公司、負責一切的人。然而，如果要等到萬事俱備才去執行，我可能永遠不會有行動的一天。

我有

☑ 明確的目標指引　　☑ 膽量

☑ 鍥而不捨的精神　　☑ 勇氣

☑ 企業經營別稱（DBA）　☑ 三份工作

☑ 解決問題的頭腦　　☑ 500 美元的存款

☑ 儘管沒有任何成長資源，仍努力把事情做好的堅強、墨西哥母親、外婆、阿姨

☑ 兩位大廚給了我機會，引領我進入聯繫緊密的社群：約瑟夫大廚帶給我勇氣；西馬魯斯蒂大廚則教會我注重細節和完美

☑ 謙遜的熱情　　☑ 不怕失敗的決心

☑ 為自己加油打氣　　☑ 我的廚師社群

☑ 正視錯誤的勇氣

我沒有

■ 四年制大學學位

■ 商業計畫書　　　　■ MBA學位

■ 資金　　　　　　　■ 信託基金

■ 貸款

■ 投資者

■ 服裝設計或製造的經驗

■ 在傳統公司工作的經驗

■ 聯合創辦人（凱文協助我成立公司，但幾個月之後，我就完全靠自己了）

> 你擁有的遠超乎自己所沒有的，
> 有時赤字，實際上是一種資產。

在追求、實現夢想，也就是走出舒適圈或突破同溫層之際，首先，你第一個主要障礙就是腦海出現的聲音，告訴你「自己還沒準備好」。

有人說，只要做好萬全準備，當機會來臨時自然會成功。但更有幫助的建議應該是，你絕不會有準備好的一天，至少，沒有所謂的**萬全準備**，總會有一些令人猶豫不決。

在任何現實生活阻礙降臨之前（這是無可避免的），你必須先克服自己所有的懷疑和顧慮。這些疑慮會偽裝成理性的聲音，而這正源於你內心的恐懼。

然而，無論如何你都要大膽行動。在沒有萬全準備之前就開始，這是最好的方式，可以從中學習、編輯、調整和改進自己的想法。我們並不知道自己的樣版、布料或肩帶需要調整，直到製作出樣品，一路想辦法解決問題並從中學習。這過程很不好受，但也沒把公司搞垮。事實證明，我和少數員工比自己想得更有韌性，而路上的顛簸不僅僅是道路的一部分，也是該死的旅程之一，**同時成為**前進的方向。

本書後續章節也會談到跌倒之後，如何重新站起來。

我知道踏入追尋夢想的未知境地並不容易。也許你的夢想仍只是一時的靈感、一個剛萌芽的想法。可能你的點子與眾不同，因此你還沒與任何人分享，害怕聽到他們的意見、想法或感覺。或許你的夢想已醞釀多年，你寫了無數的日記，記下想探索的點子、讀了一大堆勵志書籍、仔細思考過一切也許是對或錯的細節。然而，你還在這裡坐著，沒有任何行動。

如果這些描述正是你的寫照，那麼我很高興你閱讀本書，找到我這個先讓夢想起飛、再解決問題的瘋子。這不僅僅是我的想法，也是自己做人處事的原則，這幾乎就深植在我的DNA中。不管是好是壞，這就是我的個性，儘管有風險，我都瘋狂渴望採取行動。就像在叢林中披荊斬棘般，你必須找到自己的出路，一條沒有前人走過的道路。所以，不要再憑空想像冒險了，勇敢投入人生的汪洋。讓我們展開行動吧！

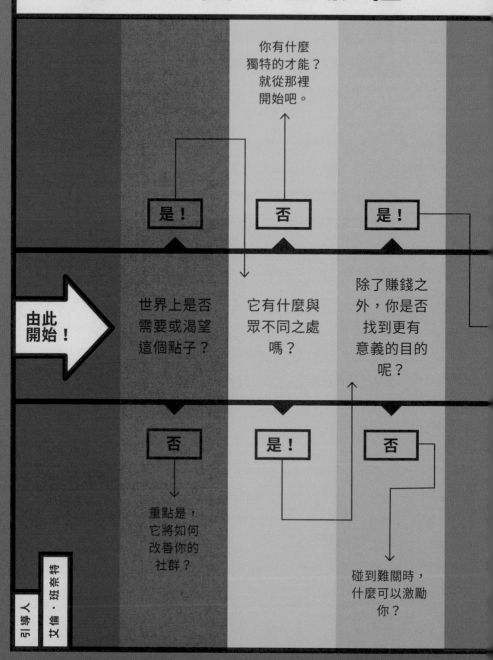

的指導方針

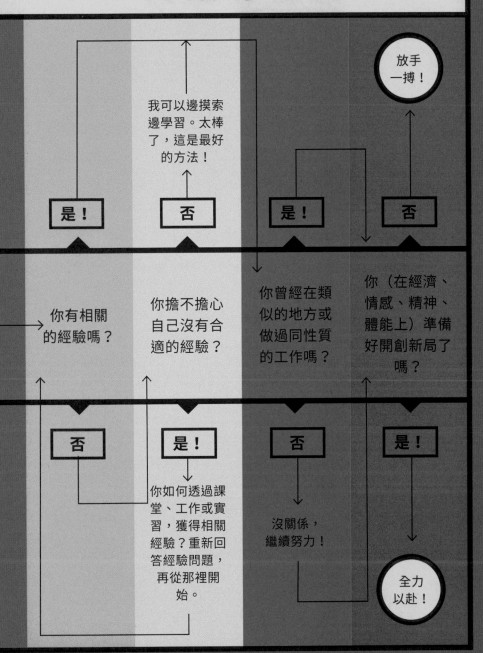

1

從失敗
中
學習

➡ **在我自豪交出第一份圍裙訂單不久後的某天晚上，主廚對我大吼：「班奈特！」**

「這些圍裙糟透了！肩帶一直往下滑，搞什麼鬼啊！」

哦，該死的！我平常就像顆乒乓球，來回遊走於廚房和身後的6個火爐、廚房工作區和準備區的清洗池之間。此刻我驚聲尖叫、停了下來，向來忙碌的Bäco廚房似乎和我同時僵住。

這可是我的首位客戶、第一個機會，我竟然搞砸了。

　　我的手掌開始冒汗，一連串「可惡、該死、完蛋了」的想法席捲而來。我看了看身旁的另位廚師，他也睜大眼睛、緊張地看著我。

　　我急著要去找約瑟夫大廚，經過準備區的廚師時，一邊喊道「小心後面」，一路奔向他的辦公室。我站在那裡，緊張得不得了，聽他說明。我評估問題所在，緊盯著該死的圍裙，從自己身上穿的這件開始。更重要的是，在我剩下的值班時間裡，我觀察現場廚師（包括自己）在實際的專業廚房裡，穿著圍裙工作的情況。沒錯，圍裙的缺點太明顯了，他是對的。

● ● ●

　　約瑟夫大廚是我的師傅兼老闆，他的看法對我來說，極其重要，如今他對我、我的產品和公司都不滿意。就連超愛新圍裙的副主廚安迪，也得意地向我展示他為了調整圍裙長度，如何用腰包夾把多餘的布料收到背後。我看得出來，有了品質較好的圍裙，他就心滿意足了，但正確的圍裙設計應該是我的責任，不是他的啊。我原本以為成功完成任務了，現在卻充滿挫敗的情緒：也許我們真的碰上大麻煩了。我想要嘗試看看，錯了嗎？天啊，我搞砸了……

　　不，堅持下去！我可以解決這個問題。妳可千萬不能放棄，妳才剛剛起步呢！

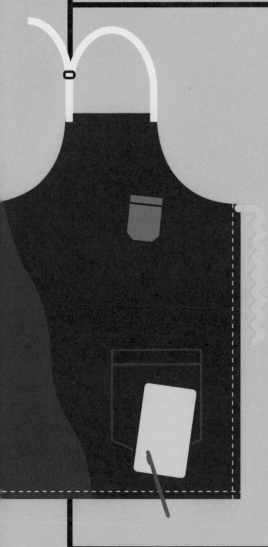

我的第一批圍裙訂單
出錯的六大問題

- 肩帶不牢固，每五秒就滑落一次，一直沒辦法調整好。

- 圍裙整體看起來還不錯，但仔細一看，並沒有完全修飾（沒有除去縫紉過程中，出現的多餘縫線）。

- 圍裙成品欠缺一致性，有些口袋角度略微傾斜，有些則完全對稱。

- 口袋不夠堅固，禁不起廚師的折騰，需強化。

- 即使在經過洗衣店的驚險事件後，布料也未經適當的預縮水處理，造成褶皺超乎預期，再加上未經測試，所以布料有點褪色。

- 原本應該是平整的肩帶，洗滌後，卻捲縮了起來。

　　我深吸一口氣，力圖保持鎮定，對約瑟夫大廚說：「大廚，我完全聽見了，你說的一點都沒錯，這些地方需要改進。以下是我能做的，請先給我一半的圍裙，這樣另一半的工作人員還有圍裙可穿。我會先修改第一批圍裙。一旦修好之後，我會拿回來，再分發出去，然後，我再修改另一批。感謝你所有誠實的反饋，我會好好處理這些問題的。」

　　帶著一絲堅定微笑，我走了出去。我當下的感覺，就如同接到首批訂單時，鬥志高昂。

　　我能改善問題的時間並不多，所以一刻也不能耽擱，從這筆訂單中，扣除買了兩次的布料和支付裁縫的工資後，我賺了一筆小錢，大約幾百美元。我用這筆錢，儲備了下一批廚師圍裙的物料。理論上來說，首批圍裙看起來沒什麼問題，但是現在，我得到了真正的用戶反饋，還有類似焦點小組的訪談，告訴我產品哪些地方有問題。只要我能修改問題，似乎還有一線希望，但是，該怎麼做呢？

　　我向自己精神喊話：我現在正在開車，一路上得經過一些崎嶇不平的路，所以囉，**班奈特，抓緊方向盤吧！**

　　有了這些新的細節資訊，我回到買物料的織品商店，花了好幾個小時研究各種可能的布料，觸摸一切，仔細檢視不同的紡織品、權衡利弊。即使有時差異如此微小，幾乎難以察覺，但我知道這是找到解決之道的唯一方法。最後，我終於找到了，買了一批高級牛仔布，更厚、更耐用、更容易清洗，不會

面對令人手足無措的問題時，進行腦力激盪，利用白板或紙張快速記下所有你認為可行的解決之道。讓自己抱持著致力解決問題的心態，絕對不要有我真不幸，怎麼會這樣這類負面的想法。反之，要明白你現在坐在駕駛座，要靠自己思索有什麼辦法可以改善問題。然後，就開始行動吧！

產生褶皺，垂墜線條更完美。

輪到重新思考如何解決肩帶問題時，我在過程中也一樣全神貫注。我並沒有去買更多第一次採用的紅色斜紋織帶（twill tape），這一次，我決心要找到更合適的肩帶。我發現了位在洛杉磯市中心的邊緣、座落於維農（Vernon）工業區中，名叫「Trims 4 Less」的地方。我以前從沒去過那裡，它離市區好遠，感覺幾乎就像在火星。（諷刺的是，如今的H&B總部就在這附近，這點稍後詳述）。

這裡簡直就像個寶庫，有各式各樣你可能想找的裝飾花邊、特色物件和燈芯絨布（還有一大堆你大概永遠用不到、稀奇古怪的玩意兒，如波浪織帶〔rickrack〕、毛球和金屬配

件）。花邊捲筒向上延伸至天花板，長達 25 英尺。這裡可能有上百種不同的帶狀織物，各種厚薄和不同密度的都有。我把這個地方都翻遍了，剪了一些樣品，拿在手裡嘗試拉扯或平放，試圖想像哪些可能最適合做成肩帶。

即便費了這麼多功夫，我在那裡還是沒有找到最完美的織帶，得等到隔天再繼續找了。但是，我偶然發現了一種超棒的黃銅環扣，具永恆經典的外觀，最終成為我們圍裙肩帶不可或缺的配件，至今亦然。

在精選肩帶的期間，我還特意向商店老闆自我介紹。正如我所猜想的，這些年來我們一起合作了大筆的生意，最終成了朋友。當有機會建立人脈關係時，好好把握！畢竟長遠來看，這才是最重要的。

我的首批客戶和我發展出最特別的關係。例如，約瑟夫主廚給了我安全的實驗空間，他並沒有認定我會失敗，而是堅信我會把事情做好。所以，我把主廚和廚房工作夥伴當成實驗對象，記錄他們穿著圍裙工作時出問題的地方及原因。我們都擠在同個小地方，我很容易得到他們立即的反饋，這有點像超級隨性、實地的市場調查會議（倒是會出現不少咒罵聲）。我把一切記錄在自己的小小食譜書裡。事實是：如果我想成為長期的企業主，需要與客戶和產品材料選擇長期奮戰。以下是那個星期發生的一些快速改進：

☑ 預先測試布料

☑ 為了避免裂開，將每個口袋邊角改為雙針縫、加固

☑ 一次又一次重新調整肩帶（這是我們做過最重要的調整）

　　在幾天之內，我們實驗了 10 ～ 12 種不同的肩帶。我試過了一個又一個的樣板，每一步都在測試自己的原始設計。當然，關鍵在於每個人的體形和尺寸不盡相同，除非我想出辦法讓圍裙就像手套般，真正適合每一個人，否則不會讓所有人穿上後都感覺有自信，這有違我最初設計圍裙的動機。肩帶是我的祕密武器之一，我只需要找出最好的方法調整。

　　兩個星期之後，我感覺就像經過兩年，我們終於開發出 H&B 的肩帶款式，一直延用至今。這次做到沒有任何出錯的餘地。我們找到解決方案了，如今新肩帶不像一般制式圍裙採用的尼龍棉線，也並非我們第一次採用的斜紋織帶，老實說我現在才明白它並不是很好。我終於找到了最完美的肩帶材料，百分之百純棉、美國製造、美觀、堅固耐用，最重要的是**很實用**！廚師穿圍裙時，覺得觸感更好。我也想到了新方法，也就是調節式肩帶，再配上我千辛萬苦找到的黃銅環扣，現在成了萬無一失的肩帶設計，堅不可摧、尺寸適合所有人。此外，肩帶還能染色，這代表我可以針對不同餐廳的商標改色。這不是速成的解決方案，而是一條向前發展的路。

　　你可能在想，嗯，很好啊，但是如果你在交第一批產品之前，就先測試了自己的設計，不就可以省掉所有的焦慮和不快嗎？但老實說吧，將成品推出問世才是改進想法最有效的方法。凱文和我就只有兩個人，身高和體型各不相同。我們其實在公寓裡試穿過圍裙，卻沒看過圍裙在實際工作環境中，在額外壓力和忙亂下的使用情況。一直到我們真正推出第一批圍裙之後，才得到設計問題的誠實反饋，我們再藉此改良，做出更優質的圍裙。為了經歷這個成長過程，我們不得不承受第一次搞砸時，自尊心受創的恐怖經歷。沒有任何模擬實驗可以讓我們得到同樣的資訊，或者面臨這樣的壓力，進而找到真正的解決方案，而非只是一時的補救。因此，雖然過程很不好受，但我們的做法完全正確。

　　我這麼說是放馬後炮沒錯，但如果能看見未來──在H&B最初幾年的草創期間，我對於一些事情的做法會有所不同，但有一點我絕不會改變，那就是**努力嘗試**。我知道這有時可能令人膽戰心驚，但是，有勇氣代表無論如何都要去做。殘酷的事實是，你不知道結果會怎樣，只有做了才知道。

　　當你測試想法時，在資訊不完整的情況下，行動最棒了。錯誤和失敗是獲取寶貴資訊、通往成功的唯一途徑。想要成功就需要在取得新資訊時，仔細傾聽、修正和快速調整，否則，你將陷入無止境的恐懼之中。這就是為什麼我從不在規畫階段停留太久的原因，面對艱鉅挑戰總是我最快樂的時刻。

　　當你試著實現自己的夢想時，需要有殘酷又誠實的意見傳達管道，告訴你優缺點所在，就像我有Bäco廚房的約瑟夫大廚和其他廚師給的建議。不要讓個人情緒影響專業，把握一切機會求進步。因為，如果不想追求完美的話，那又何必費心呢？

　　事實證明，第一批貨不見得要成功才能讓H&B生存下去，我只要開始行動就可以了。當然，我們賺到的一點小利潤全都沒了，但我不在乎。泰德叔叔是我年輕時的精神導師之一，他是位成功的商人，總是說：「記得要一諾千金。」所以，對於這件事情，我的理念就是：約瑟夫大廚是我目前唯一的客戶，我們千萬不能搞砸，絕對要把這件事做好。而我們確實辦到了。

　　鑽石是在壓力下產生的，對吧？

如何爭取他人的幫助
來測試自己的創意構想

→ 這只是我個人的做法，並非唯一的辦法。但我可以向你保證，這種方法為我創造了奇蹟，不只使我的圍裙更加完美，也幫助我建立了人脈關係，促成我們今日茁壯的圍裙客戶團隊。

■ 親自接洽。如果不行，就親自打電話或寫電子郵件、傳簡訊、發送 Instagram 私訊。想辦法聯繫，盡可能面對面去接洽。

□ 一開始就不要害怕開口。

□ 要有好奇心，不要只想著為自己辯護。

■ 對所有意見表達感激，即使是負面或差距很大的看法。

□ 當人們似乎不太確定時，試著幫助他們釐清實際的想法。

■ 為了證明你重視回饋意見，不要只顯示「改良前」，記得要表現「改良後」的差異。

2

第一次
的
大膽冒險

➡ 或許我們應該先回顧過去。

如果你需要自信才敢勇於嘗試，才能誠實檢視自己的失敗之處，才有辦法再接再厲；如果你就像許多人一樣，不是天生大膽之人，那麼到底要怎樣才能找到自信？又該如何勇敢投入未知的現實呢？總是有人告訴我們「要有自信」，但沒人告訴**我們自信心從何而來。**

我發現自信就像是你投資多年，甚至花費數十年的儲蓄基金。每次我大膽嘗試了，儘管一路上碰到許多該死的難關，但看到自己還活蹦亂跳生存著，就好像存了一筆自信心，帳戶餘額不斷增長。

我稱之為「自信帶」（confidence belt）。我從嘗試中得到一些成就感，後來才明白這是持久戰。但我確實從一開始就注意到，訓練自我膽量的感覺好極了。我還發現養成自我獨立的能力並不需要花太多時間。我並不是說你得和牛群一起狂奔，還

是去跳傘，而是建議你去嘗試一些這輩子從未做過的事——一次小小的冒險——並且不畏困難完成（不完美也無妨），這樣就算是了不起的成就了。如此一來，日後會更容易克服巨大挑戰，使夢想成真。

我在洛杉磯北部的格倫代爾（Glendale）上高中時，班上的同學都來自富裕家庭，都是受到栽培的明日之星。我知道他們長大後會成為模特兒和演員，後來也的確如此。當中只有我是怪咖，頂著一頭三角造形的捲曲頭髮，還被取了穴居蠻女（Cavewoman）的綽號。

我父母離婚了。我們幾乎沒有錢買任何東西。父親遠在千里之外；母親身材矮小，但是是最可愛的墨西哥媽媽。她長時間忙於護士工作，常常就只有我和妹妹梅蘭妮在家。

剛開始，我試圖融入學校同學的圈子，想和周遭同學打成一片。我真的試過，但真的沒辦法掩蓋下述事實，那就是：我說話音量太大、速度太快，而我在乎的事和其他孩子都不一樣——比如，重新粉刷我們的公寓、讓家庭收支平衡、嘗試新食譜。任何在青少年時代掙扎求生存的人都知道，無法融入團體的感覺真的很痛苦。

然而，既然與別人格格不入代表我沒有什麼可失去，這反而燃起了自己的鬥志，讓我走向一條和同儕不同的道路。經過一段時間之後，當我意識到不管自己再怎麼嘗試和人打成一片都沒有用時，我就不再試著融入了。相反地，我匆忙結束了

自己的另類高中課程，隨後在洛杉磯四處打拚，做過保母，也到處打零工，曾和一個傢伙約會，但媽媽覺得他太老了（或許吧）。我負擔不起想上的學院，也不知道自己到底想學什麼。

有時候我覺得每個人好像都有目標，除了自己之外。但在內心深處，我總覺得自己會闖出一番大事業，或至少會做一件與眾不同的事，只是不知道那是什麼。

我的未來之路最明顯的跡象是對食物的熱愛。當我為人做飯時，他們的臉龐散發光芒，看起來心滿意足。從小到大，我都在墨西哥的外婆家過暑假，我會和她一起在廚房裡忙上無數個小時，我會一直不斷提問：「墨西哥粽裡包什麼？燉肉裡放了什麼？妳可以教我嗎？」回到格倫代爾家，媽媽因為工作太忙了，我們平常都只能吃從超市買回來的安吉拉捲和墨西哥捲餅等的加熱食品，而我妹妹梅蘭妮唯一吃不膩的食物是烤乳酪和泡了牛奶的罌粟籽麵包——這真是特別的組合啊。

我第一次成功的烹飪經驗發生在12歲，我重新複製了辛辣、豐富的什錦肉麋（picadillo）。這道菜餡是某天下午，我在朋友媽媽家的爐子上看到的，燉煮的香味立刻讓我回到外婆家，她也會做同一道菜。我掀開鍋蓋，聞到食物的味道，再把鍋蓋放回去，便纏著朋友媽媽一直向她提問。她很高興地列出主要食材：牛肉絞肉、蕃茄、洋蔥、馬鈴薯、胡蘿蔔，還告訴我，如果妳想要的話，也可以加玉米等。

第二天早上，我起床之後，決心執行計畫。我並沒有費心

去徵求媽媽的同意，因為她總是忙於工作，也預期我能為自己和梅蘭妮做出正確的決定。她信任我，這對我來說意義重大。我賄賂梅蘭妮，答應幫她買零食，拖著她走了 6 個長街區，到了當地的雜貨店。我用自己的現金卡（在 15 歲時莫名其妙說服了美國銀行幫我核發的），買到了需要的食材，一路推著購物車回家，梅蘭妮就坐在裡面。

當在鍋裡東加西加食材或香料時，我試著不去想現實問題，萬一搞砸、浪費了昂貴的食材，我們每個月的伙食費可能會出現赤字。我焦急地等著看自己能否將這堆泥糊烹調成前一天聞到的美食。油脂很快從平底鍋裡冒出，辣椒辣得我流眼淚，我知道自己應該做對了。我忙上忙下，把各項不起眼的食材混合變出一道美味佳餚，我第一次嚐到創作成功的興奮滋味。

但真正的成就感發生在當天晚上媽媽下班回家時，她一如往常，身上還穿著護士服，才進門就已經準備好要去忙眼前的其他事。但是，當她走進廚房，聞到香味，看到我準備的食物時，她突然停了下來說：「謝謝妳，媽咪！」她臉上洋溢著滿足感（和許多拉丁家庭一樣，在我家，所有女性都稱孩子為媽咪（Mami）。我是媽咪，我母親也叫媽咪，依此類推）。

好吧，在她有空吃飯之前，還得打幾通電話處理一些公事。忙完之後，她把玉米餅皮加熱，廚房裡瀰漫著烤玉米的味道，她終於可以坐下來享受熱騰騰的一餐。這是我自信帶上早期的成就之一。啊哈！我辦到了！我抬頭挺胸，獨自在我們

格倫代爾家中的廚房，我第一次明白：**一定要為自己加油打氣。當你對自己有信心時，任何事情都是可能的。**

所以囉，上烹飪學校，對吧？我查過美國廚藝學院（Culinary Institute of America）和法國巴黎藍帶廚藝學校（Le Cordon Bleu），但學費都在3到7萬美元之間，我根本不可能付擔得起。我們家沒那麼有錢。我雖然可接受別人的拒絕，但光想像父母對我說「不」，就像被打了一巴掌一樣。我不打算上普通大學，也不想一輩子當保母，真的感到很徬徨，沒有任何明確的方向指引，因此，我猜想換個環境可能會有所幫助。**出去闖一闖，艾倫，會有幫助的，一定要這麼做。**

因此，我在19歲時，決定自己一個人搬到墨西哥城。雖然我在墨西哥有家人，從小也在那裡待過很長的時間，但我們在這個城市裡沒有任何親戚，只知道有人認識的人住在墨西哥城裡。當時是2006年，墨西哥城尚未成為熱門的旅遊景點，近年來才受到觀光客喜愛。那時的墨西哥一點也不酷又不安全，也不是個適合青少年**獨自闖蕩**的好地方，至少朋友和他們的父母是這麼認為的。

我買了一張機票出發，只有單程。

● ● ●

我抵達墨西哥城，並沒有打算停留超過1、2個月，因此

只帶了1個大行李箱、後背包和錢包。我拖著行李，直奔到在羅馬北區（Roma Norte）租的房間，一頭栽進新現實：一間小房間、生鏽且吱吱作響的雙層床、一個古怪的小梳妝台、一扇窗戶，望向我這輩子見過最嘈雜、最擁擠的建築群。這地板顯然已重修過十幾次了，但看上去還是破舊不堪。廚房和浴室很小，而且非常陽春，廚房簡直就在壁櫥裡。有時候才有足夠的熱水洗澡。我和另外4個來自世界各地的女孩一起分租公寓，她們來到墨西哥城求學和工作，人都還不錯，但這個租處實在不怎麼樣。剛來到這個城市的第一個星期，我有好幾個晚上輾轉難眠，心裡想著：該死的，我到底在這裡幹什麼？

　　幸運的是，我一輩子都在說西班牙文，所以講得還算流利。我注意到的第一件事是，人們在找零錢或幫我開門時，都比較會跟我攀談或開玩笑。哇，這實在很不一樣！我從外婆那裡遺傳到精力充沛、積極的生活態度，在這裡是正常的，不像其他和我同齡的孩子那種漠不關心和冷淡。我在墨西哥城環顧四周，每個人都很熱情、友善、講話都很大聲，他們也喜歡互相親吻和擁抱。完全沒問題！後來，我突然領悟到：「哦，我的天啊！這裡是自己的歸屬，我是墨西哥人！」我在學校一直被視為怪咖，現在是多年來第一次沒有格格不入的感覺。**實在太棒了！**這個城市的步調和節奏很適合我。沒多久，我覺得自己找到了同伴。我終於體會到墨西哥文化一直存在自己的血液當中，也終於找到了歸屬感。

自我懷疑的感覺

「這值得嗎？」
（是的）

「我夠
堅強嗎？」

「我真的
應該
這麼做嗎？」

每當你開始嘗試新事物時，可能就像打開一盒色彩繽紛的冰棒，會遇到形形色色、糾纏不已的恐懼和不安全感：

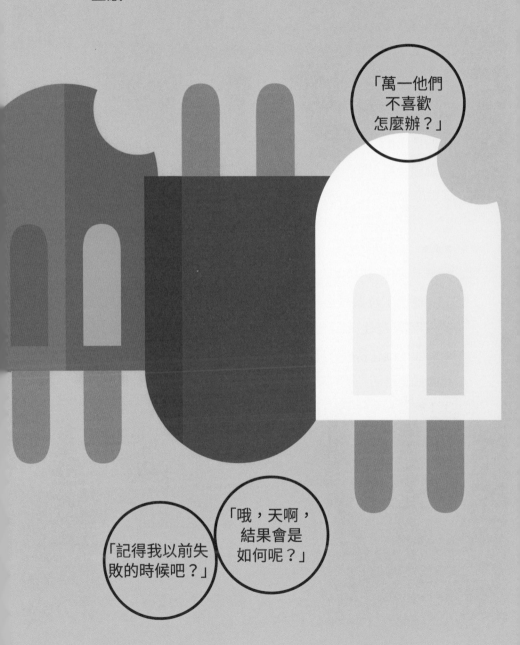

　　這時我突然覺得：我其實應該留在這裡，應該取得正式身分。我腦海裡一直回想著自己最近的成功經驗——買了該死的機票、來到此處、租了個房間、自己打理伙食，還交了幾個朋友，我想還可以試著找份工作吧。

　　我很高興一開始時，自己並不知道這**會**有多麼困難。我面對的是文化障礙、乏善可陳的簡歷、成為墨西哥公民痛苦艱難的過程（我想取得身分，取代外國人工作許可），更別提轉大人的艱難過程了，而這只是當中幾個挫折實例。

● ● ●

　　經過了幾個月之後，我的自信帶多了幾個得來不易的成就，我發現自己做了一些以前絕對想像不到的事情。我認識了新朋友，她在當模特兒，因為我告訴她自己需要找工作，她便建議我去拜訪她的經紀人。因此，我預約了會面。結果太神奇了！經紀人竟然接二連三地上門，在抵達墨西哥城之後的兩個月內，我就有了**3個**厲害的經紀人，他們並不介意我有多位代理，都會派我出去。工作遍及城市各地，我試著把握機會，天知道會發生什麼瘋狂事，有時一天之內多達4～6個試鏡。

我在接下來幾個月裡做過的四件難事

■

取得墨西哥公民身分需要花上4個月。首先，我得租個公寓，水電費帳單在自己名下，拿到墨西哥身分證，為此我需要有墨西哥護照。我得飛行90分鐘，再加上7個多小時的車程才能取得我母親的出生證明影本。然後，我得遊走於複雜的官僚體系之中，其中包括幾次官方親自面訪，取得郵局ID，為此還莫名其妙需要一張黑白照片。還要上墨西哥生活速成課程！

■

我在羅馬北區租了1間超棒的公寓，有很酷的黑白棋盤格狀大廳，可是負擔不起租金，因此，早在Airbnb出現之前，我就已嘗試將房間短期分租給學生和像我這樣的人。他們來到墨西哥城觀光，需要地方暫住。我甚至把客廳改裝成額外的臥室，想藉此獲得多一點收入，結果，我不但自己完全不用付租金，而且還多賺了一點現金。額外紅利！

■

我加入墨西哥的一所烹飪學校，比起在美國的選擇便宜了許多，但品質一樣好，我就是用這一點說服父親幫我支付學費的。但是，我還得坐公車和地鐵去學校（我沒有車）。上課時都是講西班牙文，這麼說吧，全都是一些專業的術語和正規的西班牙文密集訓練，不像我成長過程所接觸到的西班牙會話。

■

我找到了商業廣告的演員工作，和負責推銷芥花籽油、裝甲車、高速公路道路標誌專用油漆公司的展場女郎。我在墨西哥國家足球聯盟找到第二份表演工作（穿著球衣）。我的第三份工作是在電視上宣布樂透結果。有時我也兼一些其他工作，比如在城市最大的賣場上銷售聖誕樹，然後拖著樹坐公車回家。有時也會打一些零工，為墨西哥鐵路工會做同步翻譯、在肥皂劇中做客串演員。

　　不久，我開始接演商業廣告，但工作機會並不穩定，每 10次試鏡，大概只中2次，或多或少。我需要更多的工作。因此，有一天在參加試鏡之餘，我嘗試在美式足球節目上當評論員。當他們聽到我能輕鬆自如地從純熟的西班牙文（y aquí estamos con Tony ROMO！）轉換到標準美式英語時，我得到了這份工作，而且是固定每個星期天。這真是太棒了！我有穩定的收入！阿茲特克電視台（TV Azteca）是墨西哥最大的電視網之一，哦，這個還是現場實況轉播的節目！我們的兩位男播音員坐在沙發上，討論比賽的精彩片段，同時在美國實況轉播。而我就站在片場的另一邊，透過一個顯示剪輯片段的直立螢幕，添加一些生動的評論。我腳套著白色的馬靴，身上穿著迷你裙、一件背面印有「艾倫」的足球衫，臉部還帶著花了兩小時上的專業化妝，用西班牙文說出讀稿機上顯示的內容，並控制自己不要讓髒話溜出口（有幾次不小心犯了錯）。這造成我消化不良，總覺得心臟快要從胸口爆炸了。我學習如何在面對實況轉播的三、四百萬觀眾前，流暢地唸出提示的內容。此外，我對足球一無所知，正在接受速成訓練。我現在獨自住在墨西哥城，把房間租給陌生人，想辦法生存，同時說服父親負擔我在外國求學的費用。這完全正常，沒什麼了不起，只不過就是1個19歲孩子闖天下的過程。

　　我下一份瘋狂的工作是成為同一家電視公司的彩券播報員，負責在平日晚上播報數字。這對於溝通表達也是絕佳的訓

練，我在鏡頭前、面對數百萬人，不僅要提供正確資訊，還要展現充滿活力和熱情。（補充一則瘋狂事件：之後接任這份工作的女人，被抓到為了竊取數百萬美元，試圖操縱彩券，這涉及片場工作室的詐騙。別懷疑我，我都是照提示卡唸的哦！）

　　我後來還找到做「展場女郎」的穩定工作機會，也就是在展覽會場上銷售特定產品，幫助引導潛在客戶進入展位，並向他們介紹商品優惠。這就像上門拜訪的推銷員，不同之處在於這是站在原地。哈哈哈，如今這些聽起來可能讓人不舒服，沒錯，他們確實專門雇用可愛的女孩。但是，我不用穿比基尼，而是著套裝，無論白天或夜晚，推銷各種可能的業務，從芥花籽油、手機、裝甲車，乃至於醫生聚會和銀行活動。實際上這一點也不好玩，我得搭公車，然後坐地鐵，再轉一趟小巴士，然後步行20分鐘到達會議中心。我也可以直接坐計程車去，但想把錢都省下來，所以都這樣奔波。我拚了命工作，穿著高跟鞋站8到10個小時向人推銷，也遭過許多白眼，和陌生人交朋友，在貿易展上來來去去，有時也會被人搭訕。

　　但我在這個領域中，從觀察貿易展銷售人員的活動上學到了很多。他們都是十分積極的行動派，每個人手上都有一支Nextel電話、一支黑莓機**和**一支手機，好像毒販一樣。他們會在接聽電話的同時，準備結束另一邊的工作，也開始協商下一份差事。然後，哇哦，他們會從包包裡拿出無可挑剔的乾淨西裝快速換上，接著立刻出發。他們總是很準時、切中要點，

在墨西哥城的人生挑戰

單程機票
前往墨西哥

小餐館（fonda）
的廚師

貿易展的
「展場女郎」

美國足球隊表演
啦啦隊主持人

墨西哥鐵路工會
的同步翻譯員

（老闆兒子的）
英文家教

→ 我住在墨西哥城時，從事過的一些工作

短期民宿出租房東
（Airbnb 出現之前）

在阿茲特克電視台，
擔任國家彩券播報員

聖誕樹銷售員

烹飪學校學生

阿茲特克電視台
的電視劇實習生
（表演、跳舞、
擊劍等）

拋開一切回到美國，
重新開始追求
廚師的生涯夢想

也會讓客戶感覺自己很特殊、倍受重視，從不會讓人發現他們同時應付幾十位客戶。他們在做這一切時，還得讓自己看起來從容不迫，而當我和他們比較熟識之後，我才發現這些人除了幹勁十足之外，還有一家老小完全依靠他們來維持生計。他們對工作的投入不僅僅是因為成就感，大多時候，尤其是單身母親，全都得仰賴這份工作過活。如果倒下，沒有人能拯救他們。我看到這些人努力不懈地奮鬥，我永遠也不會忘記從中得到的啟發。

此時，因為我同時兼了這麼多份工作，在墨西哥開始有不錯的收入，但我還是生活得很簡陋，更別提我一天吃一、兩次的墨西哥夾餅（我這輩子吃過最好吃的）。更重要的是，我已經為說服大腦戰勝恐懼（也許是我可怕的心魔），艱難地奠立了基礎，如今有足夠的自信能克服人生中的各種懸崖峭壁。

說到自己的夢想時，我們大多數人總會一拖再拖、延宕多年，有人甚至拖了一輩子，因為要承認自己對某件事感興趣、然後全力追求是很嚇人的。當然，我可以告訴你，你應該要克服恐懼，該死的去做就對了，但這個道理說起來容易、做起來難。人一次能承受的焦慮是有限度的，你必須向自己證明，你可以打敗令人不安、可怕的小事。下次你就會有膽量去做更可怕的大事。

● ● ●

　　你並不需要離鄉背井。我之所以選擇那次的冒險，是因為它當時適合我：我一直覺得自己和墨西哥傳統與美食有密切關聯，因此朝著那條獨特的道路前進。什麼事吸引你？什麼讓你又害怕又興奮？不要只給出簡單的答案，要認真挖掘、探索，找出自己的夢想。也許它甚至從未在你腦海中發聲。然後，採取下一步，即使目前只是在私下階段。

　　你到底在害怕什麼？擔心自己向別人求助而遭到拒絕嗎？還是畏懼別人嘲笑你自不量力？你懼怕自尊心受損、面子掛不住嗎？

　　沒錯，你可能正是如此，而這些疑慮也或許會發生。但是，所有的好事都來自於承擔這類風險。

　　這些恐懼我全都經歷過，大家都一樣，還是放手一搏吧！在追求夢想的途中，這些疑惑、恐懼就像是令人討厭的小蚊子，在你身邊嗡嗡作響、揮之不去，每個人都會遇到，但無論如何，都要繼續向前邁進。

　　鼓起勇氣做第一件可怕的事情：親自出現在讓你夢想起飛的地方。如果那太嚇人了，打電話！還是太難了嗎？不妨發送電子郵件或直接私訊吧。

「比起失敗，

疑慮扼殺

更多夢想。」

(Doubt kills more dreams than failure ever will.)

——蘇西·卡西姆（Suzy Kassem）

你應該邁出第一步。世界不一定會為你送上夢想大禮，周邊還綁著精美閃亮的蝴蝶結，像個香甜的水果籃一樣。順道一提，果真如此的話，那麼恭喜你。但是，你不應該因這份天賜禮物而志得意滿，而該**每天繼續努力、爭取機會**。你透過家人朋友的推薦，上了一所很棒的大學，找到一份完美的工作。這樣很好，但如今你打算怎麼處理那個優勢地位呢？你對世界和自己身邊的人有什麼貢獻呢？不要因為生活安逸就得過且過。走出你的舒適圈，展開行動、做出改變吧。

> 當你達成某個目標時，繼續前往下一個目標，永遠不要停止追求的循環。成功是一回事，下一步便是持續發展、追求進步、維持成功狀態。

那正是我人生旅程的關鍵。

好消息是，這一切不必在一天之內發生。所以，無論你的狀態如何，就從你夢想中的一小部分先開始，完成之後再進行下一部分，如此一步一步實現夢想，最後終究會完成的，真的會！更妙的是，你邁出的每一步都會使你變得更堅強、更有自信。自信就像肌肉，愈經鍛鍊就愈結實，尤其在一開始經歷幾次災難磨練之後。我在家庭生活中承擔的一切；我在墨西哥

城的瘋狂冒險；回到洛杉磯後身兼三份工作，這些全都確實證
明了自己有本事完成真正的任務，即使我一開始並不知道該怎
麼做。你也可以教自己得到自信心，就只要勇敢挑戰去做某件
事，然後切實堅持到底。不管結果是好是壞都無所謂，學習處
理失敗也是方程式的一部分。誠如英國前首相邱吉爾的一句名
言：「永遠不要白白浪費一場好危機！」

• • •

　　無論你選擇什麼途徑來建立自信，在你取得人生成就時，
不管有多麼微小，發現和珍惜這些成就至關重要。我指的並不
是建立個人簡歷，而是做一些讓你有成就感的事情，來建立你
的自信心。正是在這些大大小小的時刻，你會發現到「哇，我
都不知道自己有能力辦到這些事」。現在，把那些成就記在你
的自信帶上，繼續努力。

　　你會和我一樣，不知不覺就穿上白色的馬靴、迷你裙和一
件印有自己名字的足球球衣，向數百萬人播報自己一無所知的
運動。

六招教你建立
自信帶的入門方法

以下都是基於
我個人實際嘗試過的
瘋狂經驗，以及一些
不那麼戲劇化、
但值得一試的方法

■ 下定決心離開舒適圈／工作／安穩的人生，去探索世界的無限可能。

■ 打電話聯絡你敬佩的人，（誠心誠意地）向他們尋求專業領域的建議或幫助。

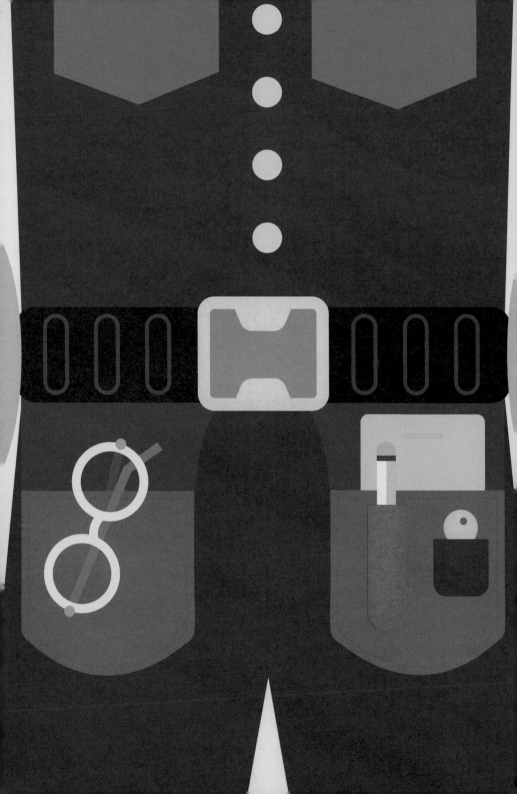

- ☐ 選擇去攀爬一座高山（這並不是比喻，我本人挑戰過富士山）。我也接受過馬拉松的訓練和路跑。你不妨也試試這種挑戰，或者是 3000 公尺賽跑，抑或是從事能夠激勵你的運動。這麼做並不是為了運動本身，而是希望能培養自己的韌性和毅力，並證明自己有能力完成一些巨大、艱難之事。

- ☐ 走出你的舒適圈，利用自己的技能或服務，換取學習新事物的機會。

- ■ 去上課或聽 Podcast，了解自己一直希望學習的技能。盡一切可能自我提升，並學習如何處理人際關係、財務、溝通、稅收知識等，以備不時之需。把你目前花在手機上的時間，用來多多閱讀。我向你保證，你會發現自己其實有很多時間。

- ■ 在某些具挑戰性、自己毫無經驗的地方，爭取實習的機會。在烹飪學校求學時，我曾在墨西哥城的一家餐廳廚房裡，做過所謂的「無薪工作」（這是指在餐飲服務業中實習或做學徒的說法），從中獲得各種寶貴的實際經驗。

3

下定決心，
做就對了

➡想想看：如果你不再害怕被「拒絕」，接下來會怎麼樣呢？

　　我在洛杉磯頂級餐廳之一Providence的入口處鼓起勇氣，克制自己不要被華麗的裝潢嚇得手心出汗。貨車在附近進進出出，我眼睛盯著送貨員和員工進出的側門，幾個下班的餐廳雜工快速地用西班牙文交談，我手裡緊拿著履歷，就像抓著救生衣一樣，冷不防地上前攔住那些傢伙。

　　「你好，請問廚師在嗎？」（Hola! Está aquí el chef?）我用西班牙文請教他們，臉上堆滿笑容以掩飾不安，「我想給他履歷」。

「在啊！」一個傢伙笑嘻嘻地說道，同時帶我走進餐廳中豪華的廚房。

廚房準備中的食物香味撲鼻而來，我試圖分辨周遭默默、規律進行的交響樂音符——大吼大叫的聲音、煤氣爐的嘶嘶聲、熱油的滋滋作響、切菜聲等此起彼落。我突然走進一個非常嚴肅、專業、一絲不苟的廚房，幾十位廚子忙上忙下，動作迅速俐落，讓人幾乎以為他們急著要去面見總統。

那天早上離開家門時，我感覺非常好。這是我未來攻占墨西哥夾餅市場計畫的一部分。我離開墨西哥城後，有了這個新夢想，但是說真的，我知道如果自己想要開任何一種餐廳，也許應該先累積一些餐廳工作經驗。因此，我從朋友那裡打聽到一些細節，她是餐飲業的老手，她叫我下午2到4點之間去餐廳找廚師遞交履歷，毛遂自薦爭取在廚房工作的機會。這聽起來很有道理，所以我列出一份洛杉磯十大最佳餐廳的名單。

這正是我出現在這裡的原因。

但我不是廚師，只是個廚子。我上過墨西哥的餐飲管理學校，知道的美食詞彙都是西班牙文。我對於美式餐廳的運作一無所知，不知道餐廳什麼時候開店或打烊，還有一半的食材搞不清楚。基本上我對一切與當地餐飲相關的工作所知不多，只知道自己超愛烹飪、調味、享受美食。噢！我是怎麼說服自己來這裡的啦？

嗯，我迫切追求墨西哥夾餅事業。回到洛杉磯已經6個月

左右了，老實說自己已經快受不了了。我都已經24歲，年紀不小了，又和母親住在一起，繞了一圈回到原點。然而，在那段期間，我克服了國外的生活、打理自己的住所、自食其力，最後又拋下這一切，環遊世界。剛回來時，我整個人脫胎換骨，變成艾倫2.0版。但現在瀕臨崩潰，隨時陷入舊有生活模式。我必須讓其中一家餐廳對我有信心，這樣就可以啟動自己的墨西哥夾餅王國夢了。Providence餐廳雜工帶我進入廚房，此刻他停下來問道：「要找主廚，是嗎？」一手指著主廚所在之處。

　　然後，他便轉身消失在身後的黑暗大廳。我的天啊！Providence的主廚西馬魯斯蒂是個大塊頭，滿臉落腮鬍，看起來很嚴肅。他正站在自己的米其林二星餐廳中央（還好我當時對米其林星級了解不多，否則我真的會嚇得渾身發抖）。我立刻就覺得這個地方很酷。我彷彿在大型賽事展開前、走進職業運動球隊更衣室般。在一大片質樸的不鏽鋼環境中，廚房裡所有的工作人員都穿著相襯的制服，像一支軍隊似的，精確地完成所有動作。現場每個人顯然都在執行各自的任務，因此，當一個沒事做的人（也就是我）走進來時，是非常醒目的。沒有任何人停下手邊的工作片刻，但他們肯定偷偷在打量我這位不速之客。我穿著明亮的藍色彈性連身裙，頭上頂著一頭大捲髮，一部分的頭髮剃光，旁邊刻了一個心形符號。我快步向前走，大家顯然都很納悶：這個女孩到底是誰？置身在這個井然有序的廚房裡，面對所有嚴肅的專業廚師，我就知道沒有任

何不完美的空間。為了留下來，我必須證明自己有足夠的理由和資格可以在這個廚房占有一席之地；而且動作要快，我周遭的一切都在倍速運轉。我在墨西哥城當展場女郎的記憶開始發揮作用，只是這次我要賣的不是芥花籽油或裝甲車，而是要向他們推銷艾倫・班奈特。

我直接朝主廚的方向走去，速度飛快，很符合周遭環境的緊迫感（絕不誇張，任何認識我的人都可以證明，我靜止的速度是每小時 80 英里）。

「嗨！廚師，我叫艾倫・班奈特。」我直接切入簡短的自我推銷，讓他不會想把我一腳踢出去。「我喜歡你的餐廳，欣賞你的工作。我很希望能有機會來這裡服務。我在墨西哥生活了一段時間，才剛回來，我也是墨西哥人，對工作很熱情。我可以來試試看嗎？」我這樣說，語畢時音調提高，帶著燦爛的笑容，其實是戰戰兢兢地才把話說完。

此時此刻，可能連蔬菜都在看著這一幕，大家的表情好像在說：這到底是怎麼一回事？

「好吧，可以。」主廚說道，眼睛盯著我遞給他的履歷（說實在的，真的乏善可陳），然後抬起頭來，估量我的勇氣，正如我所猜想的，這點才是真正重要之處。「妳何不下個星期五過來這裡，我們先來個試用期？」

太棒了！我心想，我得到工作機會了！！！

如果前門沒有打開，
那就從窗戶爬進去吧！

➡ 如果你想向別人推銷自己或自己的夢想，絕對要全力以赴。你當下必須全神貫注、保持清醒，同時很清楚自己未來想要的發展方向。親自現身、展現謙遜的熱情、成功地行銷。基本法則如下：

☐ 請你們雙方都認識的人幫你介紹，如果沒有推薦人，那就直接去找負責人毛遂自薦。製造機會、接近對方。寄信、私訊給他們，設法透過各種管道接洽。想盡辦法都要找到對方。

☐ 想辦法讓對方了解你或你的產品。

☐ 一旦得到對方的注意，趕快自我介紹（務必切中要點、態度謙遜）。

☐ 向對方說明你為什麼熱愛這家公司或對象。（切記要真誠，找出自己喜歡的真正原因，並且能夠清楚表達。

☐ 讓自己有所用處。想想你有什麼專長是對方需要的，並勇於提供。樂於助人、總是解決問題，你終究會得到機會。

☐ 快速舉個實例，展現你的長處。證明自己的價值，藉此獲得機會，而不是一味吹捧自我價值，如此可能錯失機會。

☐ 免費提供一些個人長才，這麼做並不代表背棄自己的工作，而是想辦法讓對方相信你所能提供的價值，進而為日後帶來更大的機會。

☐ 提升並超越。

「要不這樣吧，」我回答，開始和他商量：「我**整個**週末都會來這裡，這樣你就可以仔細觀察我的工作表現。我星期五、星期六和星期天都會來，讓你對我有全面的了解，我覺得那會是最好的辦法。」

「OK，好吧，就這麼辦。」他透過眼鏡，盯著我說道。

「好的，太好了，謝謝您，主廚！下週五見嘍。」

「好的。」他說，而其他人都對我投以驚訝莫名的眼神。我很酷地沿著原路走了出去，但步伐中多了一股自信活力。一走到餐廳外，就我獨自一人時，我欣喜若狂，笑容非常燦爛。然而，如果我在墨西哥城的經歷留下什麼智慧魔豆的話，那便是無論如何都要不斷出現在別人面前，而不是安於一次試鏡的好結果就回家。因此，我繼續前進，我的下一站是另一家頂級餐廳。我手裡拿著履歷，下午兩點半左右，冒昧地走了進去。餐廳老闆／主廚並不在，只有對方的副手在。我受到前一站的結果所鼓舞，直接走到他面前。

「我想要尋求在這裡工作的機會，」我一邊說著，一邊送上自己的履歷，熟練地搬出我在Providence那套成功的說詞。

「呃，謝謝，嗯……酷……但是我們目前並不缺人。」他表示。

在他周圍的廚房工作人員正吃著午餐、盯著我看，表情像是在說：我們是俱樂部成員，而妳不是。至少這是我當下的感覺。

　　「OK，好的，非常感謝，如果你們需要無薪實習生，請告訴我，裡面有我的聯絡方式。」我努力保持臉上的笑容，直到走出餐廳外。他似笑非笑，隨即轉身離開。唉，那就算了吧！我滿滿的士氣受到一點打擊，因為意識到 Providence 可能是異常現象，但我必須堅持下去。

　　當然，你不可能不請自來，走進洛杉磯這種美食城裡十幾家高級餐廳，還期待能得到每家餐廳的工作機會（至少以我貧乏的簡歷、又沒介紹人或推薦信是不可能的）。反之，我虛心領教，花了兩天時間跑遍每家餐廳，逐一從名單上劃掉。但是，正如我在墨西哥城試鏡的經驗，我對於自己跑遍每一家餐廳感到很自豪。我不得不說，親自上門尋求機會是很有用的，你可以說這方法很老派：的確，現在也很少人這麼做了，正因如此更能讓人印象深刻，不妨試試看吧。正視對方，向他們請求機會，說不定對你有效。手寫的便條也是一樣，確實會給人留下深刻的印象。

　　在我帶著簡歷逐一拜訪各家餐廳期間，也去了在洛杉磯小東京區附近的 Lazy Ox Canteen。我不小心與主廚約瑟夫錯身而過，跑到廚房盡頭時，我向其中一個洗碗工打聽消息。

　　「主廚就在那兒」，他點頭示意約瑟夫所在之處。

　　「哦！」我立刻回頭跑過去，臉紅得像是炙熱的比薩餅烤箱。「主廚，您好！」我跟他打個招呼並遞交自己的履歷，開始大力地自我推銷。

與Providence西馬魯斯蒂主廚穿著潔白無瑕的廚師外套、令人望而生畏的樣貌截然不同，我看到約瑟夫主廚時，他穿著T恤、牛仔褲，帽子反戴，腳上套著一雙看來身經百戰的靴子。約瑟夫主廚非常腳踏實地，以至於我完全沒想到他不僅是主廚，也是不屈不撓的夢想家、行動家和創造者。他不久之後，開了自己的餐廳Bäco Mercat、Orsa & Winston、Bar Amá等。他這個人也很慷慨，耐心地聽完我的介紹。

在我說話的時候，他半歪著頭看著我，隨後輕聲回道：「OK，沒問題，妳何不在星期四或星期五來，我們給妳機會試試？」

「我會準時來報到的！謝謝您！」

我簡直不敢相信。

在10次的嘗試中，我成功了2次！因為我把任何恥辱都拋諸腦後，親自現身、開口請求。我沒有因為遭受拒絕就放棄。

我把在Lazy Ox的處女秀，安排在Providence之前。接下來的那個星期五晚上，請來點擊鼓聲，我在美國餐廳廚房的實習首次登場啦。他們也把我扔進了油炸鍋裡，至少那是我廚站的電器之一。

副主廚向我介紹這個地盤時說道，「我來教妳幾道菜，我們再看看妳的表現如何」。

我很愛寫筆記，因此，在週五晚上的餐廳服務，整個廚房忙得不可開交之際，我抓住手邊僅有、在廚房裡專門給東西貼

上標籤的藍色膠帶，將學到的每一道菜的所有食材，乃至於配菜裝飾，仔細分段記在膠帶上，包括那些我在超市裡也認不出來的食材，例如 Sunchoke with espelette，我不知道 sunchoke（洋薑）是什麼鬼東西，趕緊匆忙記下這個字。好了，但我真的不知道 espelette 是什麼（來自 2021 年艾倫的註記，它是法國品種的紅辣椒），我連這個字怎麼拼都不知道，便大聲唸出來之後寫下：E-S-P-O-L-I-T。

　　我不知道自己在忙什麼，只知道自己的動作很迅速俐落，像海綿一樣吸收。所以，我應付得很好，現在廚站裡貼滿了寫著食譜的膠帶。我天生行動派的個性，在這個忙得團團轉、待辦事項清單沒完沒了的餐廳廚房，簡直是再適合不過了。在一小時之內，我學會了副主廚示範給我看的所有菜餚重點。所以，她又教了我幾道菜。不知不覺地，她走開了，我已經能夠勝任菜單的一個區塊。那天稍晚，我一個人應付了整個廚站的事務。到了快下班時，我得到了 Lazy Ox 的工作。

　　接著，我又去了 Providence 試試看。我走進去，感覺很有活力。我沒有看到主廚，只有他的副手特里斯坦（Tristan）在，大家都叫他 T-Bone。

　　「嗨，不知道你們是不是還記得我？」我問。

　　「哦，我記得很清楚呢。」他回道，臉上掛著他的招牌傻笑。

　　他交代給我的第一項任務是處理一座檸檬山，要我將檸檬去皮，切得超薄，割出鑽石形狀，這可是需要外科醫生的刀

工。我花了將近3個半小時，整個廚房都忙完了**兩輪**，也就是說為當晚的餐點進行了前置準備、清潔洗滌、做員工餐，**以及**再返回工作崗位。服務時間快到了，就是餐飲界所謂的廚師掌廚、烹飪美食、招待客人用餐的時間。而我的檸檬卻還沒切完，最後，急需三角檸檬皮的史蒂芬妮來找我拿，看到我失敗的成品，把我推到一邊，接手處理，在20分鐘之內完美演出。啊，實在太丟臉了！用餐服務才剛剛開始，我真想帶著自己那杯切得亂七八糟的檸檬皮，一頭鑽進地洞裡躲起來。

開始用餐服務時，我站在食物擺盤區旁邊，靜靜地觀察。一開始，我試著幫忙，但馬上被吆喝到場邊。整個廚房就像在打仗似的，以精確、同步的動作，在廚房的兩端協調地運作。

「點餐！」跑單控菜員高喊：「5份魴魚、2份龍蝦外帶，3個……」

任何與該餐點相關的人都會回應控菜員，不久之後，準備好的食物陸續被送進擺盤區。只要檯面上沒有餐點時，我就打掃地板、盡力幫忙，但也一直保持警覺，隨時問廚師他們是否有任何需要我幫忙的地方。我一直努力地融入廚房的行動中，漸漸地，我被允許把食物送到擺盤區、把香料加入菜餚中，甚至包括把盤子送到清洗池裡。我一心所想的就是：繼續保持行動。到了快下班時，我已經看了許多、問了問題，也學到許多經驗。神奇的是，我還屹立不搖。廚房裡的能量彷彿就像一列貨運火車，我有幸得以和他們站在一起。我所能想到的就是：

我想要更多。

我歡天喜地去樓上的辦公室找 T-Bone。

「怎麼樣，你覺得呢？」我問，「我通過考驗了嗎？我可以在這裡工作嗎？」

他不好意思地看了我一眼說道：「我們目前並沒有要徵人」。

哦，不！！！哇靠，真的嗎？！？天啊，真令人尷尬，但是等等，我已經邁出第一步了，我不能就此放棄。

我不知道會有什麼結果，無法預知未來，但很清楚一件事。這正是一個絕佳的好機會，我可以向那些了不起、有才華、勤奮的廚師學習。他們所做的事正是我一直渴望的，用最美妙的食材烹調出不可思議的美味佳餚，讓客人感到滿足，我一定要繼續來這裡學習。我不把焦點放在短期內能賺到的薪水，而是將目光放長遠，追求更有價值的目標。如果我願意犧牲一點，或許就能達成。這扇門好像就要在我眼前關閉了，那好吧，我只好從窗戶爬進去了。

「好的，沒關係，但我真的很想繼續來這裡學習，如果你們同意的話。」

「OK，很好。」他說，像檢視購物清一般打量我，「妳可以繼續來學習。」

不用他說第二次，我帶著強烈的熱情和勇氣出現在每一次的輪班。我睜大眼睛、仔細看，不斷地提出問題，盡自己所能吸收一切，隨時隨地找機會幫忙，像瘋子似的清潔打掃。我對

整個廚房瞭若指掌，就像身處自家廚房一樣。我內心從來沒有抱怨過沒領到薪水。我是餐廳的無薪實習生，得到的豐富報酬是寶貴的經驗、機會和人脈關係。為此，我心滿意足，感激之情溢於言表。

兩星期之後，特里斯坦跑來問我：「妳最快能什麼時候辭掉另一份工作？我們想雇用妳。」

令人興奮的事就要開始了。

未來的艾倫寫給過去的自己：只要妳不立刻豎起白旗就此放棄，一時的「拒絕」經長期努力也可能轉成「好結果」。一直努力向前走，就算只是前進一毫米也是進步。

這其中絕大部分與看事情的角度有關。在所有穿著我們家圍裙的廚師當中，我真的數不清這一路上吃過多少次閉門羹。有些人可能會說，人家都說「不」了，那就沒轍了吧。但有沒有其他的替代方案呢？快速思考並找出一種方法，讓自己出現並發揮作用。別人看不到你、想不到你，這對找工作或銷售並沒有幫助。繼續出現在別人面前，滿足對方的需求和價值，最終你會有機會與他們合作的。

還有一件事要記住。如果人們對你說「不」，只是代表此刻的拒絕，而不是永遠。至少他們現在知道有你這號人物，又或許你們現在已經成了朋友，而友誼正是我最珍視的。人與人之間並不是交易，無論是老闆、客戶或其他人都是具有潛在的人脈關係。

先了解「不」的本質，
便能知道「為什麼」拒絕

→ 有時偉大的想法停滯拖延、沒有進展，是因為我們把別人說的「不」當真了。如果能理解對方說「不」背後的原因，我們通常能找到另一條出路。事實證明，「不」通常意味著：

☐「我現在心情不好。」

◼「還沒有。」

☐「我需要更多資訊。」

◼「我需要時間考慮看看。」

☐「我不確定老闆會不會同意。」

◼「我覺得沒有動力。」

◼「價格不滿意。」

◼ 或是，我最討厭的：
「不，因為我們向來都是這麼做的。」

我理解的弦外之音：

「不，因為我對現狀很滿意，而比較不喜歡接受新的做事方式，這會讓我感到害怕／煩惱／太具挑戰性／困惑／疲憊／壓力太大」。

我認為他們有時真正的意思是：

「不，但是如果你能說服我，你新奇的方式不會太麻煩或太困難，結果其實也會更好，那麼，也許，好吧」。

◀

在 Providence 餐
廳與廚房工作夥伴
的合照，大約攝於
2013 年

　　看吧，當你用這個角度去想，一分鐘前的那個「不」字，
當下感覺像掙獰的拒絕、被一把牛排刀刺穿心臟似的，其實可
能完全不是你個人的問題。因此，若你在那一刻轉身就走，那
就是你的問題了。如果你堅持留下來，打聽更多訊息，為換取
正面的回饋和交新朋友的機會而下一點苦功，就算對方不能成
為新客戶又怎麼樣呢？也許你剛開始遭受幾次拒絕時，會太過
緊張，迫切想要離開現場，這我能夠理解。大多數人都沒有辦
法從容面對被人拒絕。但正因如此，在現實世界中練習應對技
巧不可或缺。你經歷愈多次，就會變得更容易，而且更自然。
也許，一旦你聽到幾次「正面肯定」之後，也會有足夠勇氣去

探索遭受拒絕的原因。

　　當我面對任何情況時，都會表現出真實的自我。我會正視別人的雙眼、自然地擁抱、提出一大堆的問題，有時甚至在別人提出要求之前，主動做事。所有認識我的人都會這麼告訴你，我不會羞於採取行動，無論是圍裙還是口罩，或是任何自己最喜歡的新主題。我發現真誠又直接的表現，才能讓別人和我一樣感到興奮。

　　是的，我就是這樣的個性。我知道對於那些天生內向的人來說，或許會覺得不可能辦得到。但是，我這方面的特質其實大多是在墨西哥城訓練出來的，當時我沒有任何保護網，只能一直努力求生存、不斷嘗試，讓人對我留下深刻的印象，儘管我有時也會感到不知所措。然而，即使這不是你的經歷，你也絕對可以找出鍛鍊自己的方式。參加公開演講訓練課程或即興表演課（我青少年時曾參加過）。走出你的舒適圈，這一切都會有幫助的！

　　也許對方的標準答案一向都是「不」，但不妨試著獲取一些實際的反饋（這和黃金一樣珍貴）。或者，看你是否可以稍後再來，或者請他們把你介紹給朋友，若有人正巧在尋找一個**像你這樣的人**。

　　以上任何結果都代表勝利，特別是如果你已建立了新關係，這點總是「好的結果」。

4

謙遜的熱情

➡ 還記得 2012 年我幫約瑟夫主廚製作了 40 件圍裙、搶救瑕疵成品、重新改造，雖然沒賺到錢，但多了一位長期客戶嗎？

　　不僅如此，我還做了最喜歡的事，發現可以改進的地方，然後在現實世界中真正落實。多麼令人感動啊！我的自信帶上又多了新成就。

　　在那之後，我就開始執行使命。保留白天的工作，沒錯我有三份工作，就連吃飯、睡覺，我滿腦子想的都是圍裙。

　　我沒有辦公室、網站，也不再有副手了——凱文突然宣布他志不在此，我自己一個人會處理得更好。我有一支手機，還有荷西幫我裁縫。我決定要賣兩種圍裙——連身和半身（bistros）。我還有一本專門記錄訂單的筆記本和一輛Mini Cooper，車上塞滿了各種織物樣本和成卷的圍裙成品。

◀

2013年，將H&B總部從我家搬到我們第一個實體辦公室

　　好吧，事實證明，有個好點子和一位滿意的客戶並不足以支撐一家公司。但我有個絕對的優勢，我在洛杉磯美食界人人皆知、備受推崇的兩家超酷餐廳工作，這增加了我的信譽，但離成功還很遙遠。我想銷售的商品以前從未受到重視，因為大多數餐廳的餐巾、織品都是租來的，包括圍裙，大家認為這些東西不太重要。當然囉，織物布料有點拙劣又不好看，但非常便宜，是專門給餐廳後台的廚師用的。那又怎樣呢？一直以來都沒問題啊。不知我從哪裡冒出來，正在製作一種比以前價格高出四、五倍的優質圍裙。我知道很可能會聽到有人說：「你有毛病嗎？這太瘋狂了吧！」

　　但我知道有更好的方式。當人們穿上我的圍裙時，H&B更深層的理念立刻彰顯無疑。廚師穿的圍裙與個人外觀和感覺連成一體，因此不管是主廚、廚房學徒（受訓的廚師）或二廚都會想在廚房裡有更出色的表現。雖然一開始會覺得圍裙很昂貴，但與租金相比，這其實是一種投資。你的團隊將穿著更優質的圍裙、看起來很體面又持久耐穿，有些還能配合餐廳的品牌特別訂製。圍裙向來都和廚房用的刀具一樣重要，如今我們才特別花同樣的心思製作。

　　此外，如果我們願意花心思、血汗和必備的刀工技能，烹調出美國最棒的美食佳餚，為什麼不能有同樣高品質和合適的圍裙裝備呢？為什麼我們不能有黃銅環扣、頂級日本牛仔布或胸前的特殊裁縫呢？憑著直覺，我知道自己在不可多得的時機

H&B 圍裙設計

➡️ 經過改良之後，我們的設計一舉超越了
一般廉價的混紡圍裙

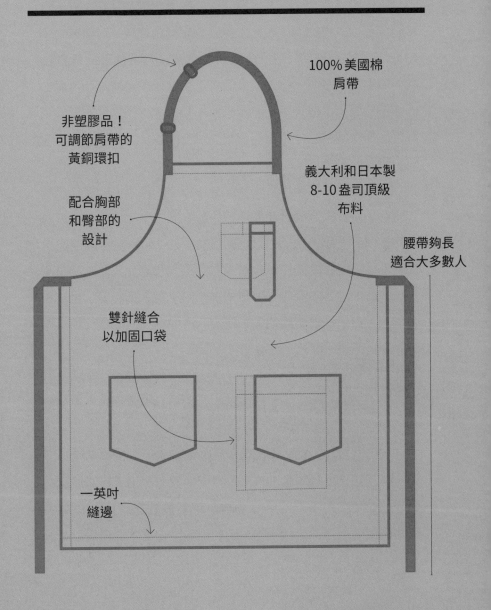

100% 美國棉
肩帶

非塑膠品！
可調節肩帶的
黃銅環扣

義大利和日本製
8-10 盎司頂級
布料

配合胸部
和臀部的
設計

腰帶夠長
適合大多數人

雙針縫合
以加固口袋

一英吋
縫邊

想到了絕妙的點子，現在必須從零開始做起。

　　這個階段尷尬、但非常關鍵！你的夢想無法真正落實，除非能讓其他人也認同，如此才能使夢想具合理性、有續航力。如果你想要創辦新公司、發展新副業或任何其他偉大計畫的話，這點絕對必要。你知道人們真正欠缺或想要的東西，而他們卻不自覺，這些人並不懂讀心術，所以你的任務是讓對方了解自己提供的價值、產品能夠解決什麼問題，以及抱著興奮之情和堅定的信念教育他們。

　　這些認同你的客戶將成為創業過程中的後盾。如果他們感到開心，將會成為發展初期最好的顧客回饋來源，也會是最熱心的宣傳者，協助傳播你正在創造的魔法。每一位顧客看起來都不一樣，而我的圍裙顧客團隊對我本人和產品而言，都是獨一無二的。這為我剛起步的事業爭取到了第一批顧客，也代表我找到和自己理念相同的人，他們明白深層原因的重要性：就是對身上所穿的圍裙感到驕傲。

　　在大多數日子裡，我下午3點得趕去Providence或Bäco打卡上班，4點「午休」時，帶著員工餐，手裡拿著熟食杯，跑到停車場，坐在車裡打電話聯絡。

　　「真的非常高興聽到你們的工作和需求，」我會熱情地開場（因為我是真的興奮，千萬不要虛情假意，別人可以立刻感覺到你在耍嘴皮子）。「你的團隊以前有沒有穿過H&B圍裙？我們採用的布料都是頂級的，因此很耐穿，圍裙壽命可以延長

4到5倍之久（這是真的）。你的員工一定會愛死這些制服，因為真的非常舒適，而且很合身，我們還可以打上你的餐廳品牌。」但我總是特別留意時間，盡可能在午餐時間快結束前，不著痕跡地讓對話告一段落。

「嗯，謝謝你們的分享，這非常有幫助，真的很高興我們有合作的機會。」我最後說道：「我們團隊對於這項合作計畫感到很興奮，我們會盡快聯繫你們，非常感謝！」

他們其實不知道，一分鐘後，我會匆匆溜回廚站，再度穿上圍裙，為那些該死的牡蠣去殼。

我總是用創建H&B的「理念」來引導銷售話術，因為我知道自己已經找出更好的方法。只要我有足夠機會向廚師和餐廳老闆解釋理念，他們很快就會被我說服。不僅是因為我親自出馬，表達方式也很重要：帶著一股謙卑的熱情，多聽少言，而且總是非常仔細傾聽——廚師每天工作12小時，只要他們願意給我時間，我就一定好好善用。

正是透過仔細觀察和傾聽，我才發現比起一直向人推銷，不斷徵求他人意見是更好的銷售策略。

某個星期天，我帶著當時手邊的幾件圍裙樣品，前往聖塔莫尼卡農夫市集，這是本市許多主廚最喜歡來逛的地方。瞧，我碰到1個老闆多納托・波托（Donato Poto），他是義大利人，總是面帶微笑，也是Providence的老闆之一和餐廳前廳負責人。他過來看看我簡樸的陳列：幾件五顏六色的圍裙擺放在

謙卑的熱情

＝

你所知的一切

熱切地分享

＋

熱切地學習

你所不知的一切

一張摺疊桌上、一個自製的牌子和一些自己動手做的名片。我花了 20 美元刻了一個 H&B 標誌的橡皮圖章，還跑去史泰博辦公用品連鎖店（Staples），精心挑選了一些預裁的商業名片。

就在我們聊天時，我注意到另一張熟悉的面孔，對方頂著一頭刺蝟造型的黑髮。那位是？

我驚呼：「那是米其林二星主廚喬西亞・西特林（Josiah Citrin）！」

「來吧！」總是充滿歡樂、樂於助人的多納托笑著說道。他帶我去見喬西亞，用他一貫的本事介紹我們認識。

「這個女孩在 Providence 工作，她也在賣圍裙。」多納托用濃重、但友好的義大利口音說道，臉上帶著燦爛的笑容。

洛杉磯餐飲界很少有人的地位比多納托還高，所以喬西亞停了下來，注意到我。

「嗯，你好！是的，我在 Providence 工作，我現在的確也在製作圍裙。」我說，全身熱血沸騰，興高采烈地施展第 42 版的推銷話術。

喬西亞沒有給我肯定答覆，倒是邀請我到他創立的 Mélisse 頂級餐廳（我嚇了一大跳，但刻意保持鎮定）。當我帶著樣品出現在他辦公室時，我決定向他徵求意見，想多了解他的看法，而不是關注自己的圍裙生意。

「我帶來了一堆不同顏色的圍裙，想聽聽您的意見，」我說：「我們正在嘗試各種不同的風格，還沒有完全確定未來要

如何銷售，
卻又不會讓人
感覺在進行交易

■ 簡要概述自己目前的工作及理念。

☐ 翻轉銷售腳本，將重點放在了解對方，詢問他們的定位、
空間和目前正在進行的工作，找出你對他們計畫的欣賞之
處。每個人都有故事，而你要了解對方的故事，畢竟，你
的目的是誠心想要幫助他們。

☐ 提出問題了解對方的期望和需求，以便弄清楚你能提供什
麼服務來幫助他們達成目標。

☐ 仔細傾聽，想像自己是個古怪的醫生，正試圖診斷病人的
病症：什麼有效、什麼沒效、哪個地方疼、哪個地方壞
了、怎樣能讓病人感到快樂。傾聽。很多人都知道要提問
題，卻忘記要仔細傾聽答案。認真傾聽對方的意見。

■ 勤做筆記，如此一來就不會忘記任何事情。

■ 提出後續問題，以了解他們初次回應背後更深層的原因。

■ 務必了解對方真正想要什麼，然後向他們具體展示你所能提供的，由此集思廣益、協同合作，或者是發送後續建議書。無論是哪種方式，向對方重複你所了解的訊息。以我自己的情況為例：「OK，好的，我喜歡這個想法，所以你想要一些有趣、簡潔的東西，加一點點流行的色彩，讓我們最多用一、兩種顏色。」

■ 表現真誠、有親和力——不要像個機器人似的！

■ 有效掌控雙方的時間，維持簡短又愉快的經驗。獲取你需要的資訊、明確表達自己的重點，向他們展示相關內容之後，不再久留叨擾。

■ 運用你的情商來判斷對方感興趣的程度，此刻對方看起來是否很忙、壓力很大或有其他要事待辦。

■ 積極主動、簡單重述你下一步的行動，必要時也提醒對方應該完成的事項，然後起身告辭。

採用哪一種剪裁和樣式。我很樂於聽聽您的想法、了解您的需求，看看我是否有什麼可以改變、調整、改進的地方。我們正在努力讓產品變得更好。」

透過這麼做，我得到他的意見和支持，完全沒有試圖向他推銷任何圍裙，只是抱著一股熱情，向他展示自己所能提供的東西——為了幫助我改進，我邀請他感受布料的品質、詢問他的想法、請他給我任何反饋。我把他的反饋記在心上，一開始拜訪只是想尋求建議，結果促成了喬西亞下訂單。我歡心雀躍了一瞬間，隨即立刻投入工作，致力於完成任務。在創立H&B最初幾年中，我總是提心吊膽地等待下一步的發展，因此我一直在想：只要我跑得夠勤快，或許一切辛苦都會慢慢好轉。

在剛開始的6個月裡，H&B成為一塊巨大、強力的磁鐵，吸引了我的第一批幫手，有些是朋友或朋友的朋友。他們認同H&B的理念，並主動在業餘時間對我伸出援手（在此向我的第一批員工瑪麗莎和艾莉大聲致意）。我們對這份工作的熱情，一如我對圍裙的熱愛。這是我們獨特的優勢，公司正是由此開始成長。第一批廚師就像種子，被一陣大風颳起，傳播形成了一大批H&B新粉絲。

隨著H&B成立即將屆滿一週年，我真不敢相信我們開始有了追隨者，有許多人和客戶都像我一樣在乎！在H&B發展之初，我們的任務是逐一拜訪廚師，在大街小巷探索，盡可

> 態度自若。即使是「不」也是很寶貴的，因為它提供了可以幫助你改進的資訊，或者是為未來的關係開啟了一扇門。

能與人分享H&B的理念。我每週的業務拓展活動絕大部分都是在某活動中遇到任何主廚或經另一位主廚介紹認識後，給對方發送電子郵件或簡訊的聯絡。就像我在曼哈頓海灘的The Strand House餐廳遇見了主廚強納森・班諾（Jonathan Benno）之後，透過一封展示謙遜熱情的電子郵件，想辦法得到了親自去他在紐約市餐廳拜訪的機會。

　　主廚信守承諾，邀請我去他的Lincoln餐廳。我在下午3點左右，午餐和晚餐的服務空檔時間到達。我從街上走進餐廳櫃台，就好像潛入水底進入另一個世界。我踏入這家寧靜、質樸的餐廳，穿著西裝的員工正辛勤地擦拭酒杯，而當我穿過另一扇門，走進燈火通明的廚房時，又像踏進了另一個不同的世界，這一頭就像正在執行充斥著嘈雜、炎熱、混亂的軍事行動。我雖然背著一大袋的圍裙樣本前進，但知道如何穿梭於：鍋蓋鏗鏘聲響、洗碗機呼嚕運轉和滾滾熱油聲中；還有廚師端著熱平底鍋和正跟時間賽跑的料理，在擁擠的空間內呼嘯而

過，大喊：「小心後面」的警告聲。

　　「歡迎來到Lincoln餐廳。」主廚表示。

　　「謝謝你！我很高興有機會來這裡！」

　　主廚帶我四處看看，我肩上揹著一大袋的圍裙，在身後

日期： 2013年10月3日，星期四，晚上8：39
主旨：赫德利&班奈特圍裙小姐😊

嗨,強納森!

真的很高興最近有機會認識你😊
來信的目的是想告訴你,我打算下星期去一趟紐約,希望有
機會順道拜訪並參觀你的廚房!

此外,如果你知道有任何廚師或餐廳我可以聯絡接洽的,請
多多指教。

我真的很想讓赫德利&班奈特擴展到紐約,但這個地盤我們
有點不太熟悉,餐廳實在太多了!煩請不吝賜教啊!

非常感謝你的幫助!希望下週能見到你!

再聊囉
艾倫,圍裙小姐:)

專訪強納森・班諾主廚的內容

➡ 在曼哈頓海灘的 Strand House 餐廳跟他見過面之後，主廚強納森・班諾同意讓我去參觀他當時的 Lincoln 餐廳。此外，他也很慷慨地透過電子郵件把我介紹給紐約市同業，我那時有意在此拓展。以下是他當時的回憶：

「她來到紐約時，我正在上西城的 Lincoln 餐廳工作……有辦法幫她介紹一些同行。我知道她在洛杉磯顯然已經發展得很不錯了，頗受好評，而她帶著良好的商譽來到紐約發展，也很快地結交了許多朋友。如今她還是非常慷慨大方，不僅貢獻她的時間，還有她的圍裙，現在她的產品線已經茁壯成長。」

「……我每次看到她時，真的很有趣，她總是說『嘿，看看我正在研發的這款新圍裙』。但是，在廚師的配備中，她有辦法打入一個非常困難的利基（如果這個用詞是正確的話），真的很難得，那個市場有點過度飽和了，雜音真的很多，很多人都在爭取注意力。但她的產品質感確實很好，在市場上並不便宜，絕對是屬於高檔價位的，然而，就像生活中大多數商品一樣，一分錢一分貨啊。

你花錢買的是別人的心血、原料或成分的品質。〔這些圍裙〕真的、真的、真的做得很精緻，也非常耐用……她有廚師的觀點，當然，她也認識餐飲界許許多多的廚師，經常和他們互動和聊天，因此，她跨足於服裝業和餐飲服務業兩個領域。我不了解艾倫做生意的那一面，但我很清楚她的個性、勇氣和那股衝勁。」

請問你基於什麼原因願意抽出時間發送那些電子郵件，將艾倫介紹給紐約市的同業，其實你大可不必這麼做？

「我真的不覺得自己幫了什麼大忙，但是，你知道的，我這一路走來也受到不少人的提攜。所以呢，你說的沒錯，我真的很忙，沒什麼時間，但是我受過別人幫助，所以只要我有機會能幫助別人的話，發送幾封電子郵件和打幾通電話又算什麼呢？你知道，20分鐘，唉呀，30分鐘？但看看我從中得到了什麼？我是說，我交到了好朋友。所以，花這個時間絕對是值得的。還有，我百分之百被她那股精神所打動。如果不是因為對那個人有信心的話，我是不會為自己找麻煩的。艾倫，她的精神真的是──你現在幾乎都還可以感受到──強大驚人。當然，產品真的很優質，是在洛杉磯製造的，所以，我從一開始就對這一切有信心。在競爭這麼激烈的市場中，我對於商業模式有點疑慮。但是，嘿，偶爾承認自己錯了也是不錯的感覺。她辦到了。」

她第一次去Lincoln餐廳廚房拜訪的情況如何？

「當他們要拍攝（關於艾倫的人生）電影時，會把那次的拜訪納入影片中。我剛才說過，她真的很慷慨，她並沒有把那一大袋圍裙帶回洛杉磯去。這些都是樣品或送人的禮物，也或許有一小筆約翰的訂單，或者，哦，她說：『天啊，法國小酒館需要更多的圍裙，我會再來，把圍裙帶給他們。』所以，是啊，我這個來自東岸的人，覺得她真的有點與眾不同，心想：『小姐，妳不是本地人吼~』她穿著鮮豔的服裝，隨性和街上的每一個人交談，還揹著兩大帆布袋的圍裙和裝備。她精力充沛，這是肯定的。」

當廚師需要一股熱情和關注細節 —— 你在她身上看到了同樣的精神嗎？

「百分之百，還有，她曾經在廚房工作過，我知道她在Providence工作過，那是一家發展成熟的餐廳，是個嚴肅的地方，井然有序的廚房。邁克爾和他的團隊，凡事一絲不苟、採購優質的食材並注重細節。我不是說她這些全都是從Providence和邁克爾團隊那裡學到的，但說真的，在那樣的環境中待過一段時間肯定有幫助。我的意思是，那是個了不起的地方，他是一位很出色的廚師。」

晃來晃去，試著不要擋路，同時又像個好奇寶寶似地探索。此刻，我沒有想著什麼推銷話術，也不在乎是否能得到訂單，只是專注地想要了解 Lincoln 餐廳與眾不同之處。

「嗨！你好！那看起來很好吃。嗨！」我向經過的每一個人打招呼。

「哦，這個看起來好棒，我可以嚐嚐嗎？」我說，沿路吃好料。

在我們走回主廚的辦公室時，經過了糕點師傅。

「妳想要1個嗎？」她微笑著說，朝著一排排漂亮的馬卡龍點頭示意。

「我當然想囉！謝謝！！」

我把馬卡龍塞進嘴裡，甜蜜完美的滋味瞬間融化。我們經過巨型冷藏庫時，我被掛在那裡的標語所震撼：

「如果你都沒時間把事情一次做好，又怎麼會有時間重做一次呢？」

哦，哇，真有道理！我心想，在心裡把這句話跟等會出現的金句一同歸檔，而且將它們當成日後工作室可以迸發靈感的行動指標。

他的辦公室又小又窄，連電腦螢幕都得裝在牆上，因為真的沒地方放。他把我們第一次見面時，我送給他的 H&B 圍裙也掛在牆上。我已經見過他的世界，現在該給他看看我的了。

我把一大袋圍裙卸下來放在他的椅子上，開始一件件拉出

來展示。

「好吧，讓我們看看這裡有什麼，」我說：「我有一大堆成品，你可以參考看看。」

「太好了。」他俯身看著眼前的成品時，說道：「妳在紐約聲名大噪之前，我得趕快先買一些圍裙給自己。」

在談話的同時，我為他套上一件圍裙並指出所有特色，例如可調節的肩帶，再請他轉身讓我調整圍裙長度，然後將腰帶綁在背後。

「我們加固每個口袋，加固各個角落，所以圍裙非常耐用。」我說：「我們確保每件圍裙胸前都有一個口袋。你喜歡這個位置嗎？哦，我們還多加一圈腰帶長度，當然不是所有圍裙都有，有一些有。這是我最喜歡的布料之一，非常柔軟又透氣，觸感真的很好。」

他似乎和我一樣開心，回應了我所有的問題，用手去感受布料材質，試了各個口袋，好好地感受這件圍裙。但我還沒結束呢！我請他試穿自己帶來的每一件圍裙，向他展示織物之間微妙、但很重要的差別，讓他有所選擇。最後，在所有的款式和布料中，他找到了一件他最喜歡的。

「太好了，幫我們訂做5件吧，」他指著自己最喜歡的一件說：「這件很棒。」

因此，沒錯，我接了一筆訂單，同時也感到非常榮幸我們將為Lincoln餐廳的廚師提供裝備。但這並不是那天所發生最

重要的一件事。由於我帶著自己的探索觸角、旺盛的好奇心和建立友好關係的強烈渴望前來，班諾主廚給了我莫大的榮耀。他向我展示了他的師父、偉大的湯瑪斯·凱勒（Thomas Keller）送給他的圍裙。他跟著師傅在加州的 French Laundry 餐廳、隨後在紐約市的 Per Se 餐廳工作了 20 年。當他離開去經營自己的廚房時，湯瑪斯·凱勒將他委託愛馬仕製作的兩件受訓廚師圍裙的其中一件送給了他。它的經典色調是眾所周知的湯瑪斯·凱勒招牌藍，全世界只有兩件。一件在慈善活動中被拍賣，而他自己擁有另一件。他把它交到我手中，圍裙象徵著由凱勒主廚和班諾主廚相繼倡導理念：努力工作，從不停止學習。

「有一天，等我開了自己的餐廳時，我會把它掛在那裡。」他說：「在此之前，我希望妳幫我保管。等我開了餐廳之後，妳可以把它交還給我。但在那之前，我要妳繼續努力。我認為圍裙在妳手中更適合，記得要堅持妳的理想。」

「當然，主廚，真的很感謝。」我說。

他就像位領導者、心靈夥伴，在餐飲界裡宛如受人尊敬的卓越堡壘──真的就像教父般的人物──他遞給我這件從自己師父那裡傳承下來的圍裙，感覺就像騎士把他的劍託付給我，我一時間感動得說不出話來。

我們用塑膠套包著圍裙，以免損壞或弄髒，我回到洛杉磯時，將它掛在自己的桌子後方，它也隨著我們搬家、換辦公室，一直到 6 年之後，班諾主廚開了自己的餐廳，我萬分感動

地將圍裙送回他身邊。在那之前，我每次看著這件圍裙時，就一直在想，這充滿紀念價值的物品正代表著合作成長、謙遜的熱情，以及不斷渴望學習更多、追求日益精進，這一切都是H&B建立和成長的基礎。

同時，這位圍裙小姐交了個新朋友，H&B賺到了熱情的擁護者。班諾主廚介紹我認識的人，甚至多到數不清了，不只包括我們碰巧一起參加某個美食節時，他隨處為我快速引見的人，尤其是在他自己這麼忙碌的情況下，還抽空為我發送許多的電子郵件給其他廚師：Per Se餐廳的埃利・凱梅（Eli Kaimeh）、Daniel餐廳的蓋文・凱森（Gavin Kaysen）、Momofuku的張錫鎬（David Chang），還有國際知名美食雜誌《Food & Wine》的編輯群，其中我認識了達娜・科溫（Dana Cowin），自此成了一輩子最棒的良師益友。因為班諾主廚是如此受人尊崇，多虧他替我寫信，我因此總有不少觀眾，也通常會得到新客戶的支持。

不管我們增加了多少新客戶，我都把每個人看成貴人，這將我們推向1個共同目標——最完美的圍裙！我真不敢相信！我建立了社群，而現在這個社群開始自行擴展，我不必再為有沒有新訂單而苦惱，赫德利＆班奈特已經建立起名聲了。

一年半之後，我們生產了一百多種款式和尺寸、顏色各異的選擇，而且自此開始如滾雪球般成長。瑪莎・史都華（Martha Stewart）、雅克・佩平（Jacques Pepin）、Shake Shack

連鎖餐館、Facebook、SpaceX的好朋友、Petit Trois的盧多主廚（Chef Ludo）。還有女主廚外套、男主廚外套、皮革圍裙、園丁的圍裙、理髮師的圍裙，各式各樣的專業圍裙。一大堆牛仔布、磨毛帆布（brushed canvas）美麗的交錯混合，各式造型的口袋無處不在。到了2014年，我們每週製作數千件圍裙。

● ● ●

　　想要建立你的客戶團隊，你必須親身與人接觸。如果他們就在你的社交網路當中，就像我一樣，那就想辦法爭取精彩的表現，以吸引他人的時間、精力和注意力。如果這些人遠在他方，那就設法找機會與對方接觸。要讓別人有機會注意到你，不要讓自己變得毫不起眼，即使是無意的。

　　在建立客戶群時，不必嘗試贏得所有人，只要著重那些認同你使命和理念的關鍵人物。這一群人才是你要找的對象。

　　害怕分享想法的感受是真實的，但是，得到他人認同會提升你如何看待業務和產品。這會使你的點子、概念、產品，不管它是什麼都超越個人。你關心的重點會變成認同你的人，以及你試圖傳播的理念。當事情發展碰到瓶頸、令人沮喪或悲慘至極時，你將會靠著支持團隊、理想使命和這股熱情，來幫助自己撐過那些黑暗時刻。這是真的，我向你保證。

◀

H&B 團隊初期的一
些成員，大約攝於
2014 年

豎起耳朵，
仔細傾聽！

➤ 　我在陽光下踩著輕快的步伐，正要前往Animal餐廳去拜會文尼主廚（Chef Vinny），這是洛杉磯頂級的餐廳之一。

　　我像往常一樣衝進廚房，這次是為了遞交5件以有色的經紗（Italian chambray）特別訂製的黑色圍裙。

　　文尼主廚似乎真的很興奮地在試穿圍裙，從頭上套進去、滑過他那蓬亂的鬍鬚、準備繫上腰帶。領帶不順、猛扯著肩帶。事實擺在眼前：圍裙不太合身，腰帶綁在背後，但整體看起來又緊又不舒服。

　　「我是個大塊頭。」文尼好脾氣地說道：「我希望能夠大件一點點，以防萬一，妳知道的，預留長胖的空間。」

　　腎上腺素湧遍我全身，感覺就好像剛剛有人朝我肚子揍了一拳，哇，所有的空氣瞬間消失。

　　哦，天哪，這是真的嗎？我答應做件圍裙，讓他穿上之後會感覺很棒，看我幹了什麼好事……正好相反啊？沒錯，真的發生這種事。OK，好吧，有個解決方案。聽好！

　　這絕對不是我想看到的結果，但是，與其為自己脫罪，想辦法找藉口說服他圍裙很合身，還不如徵求他的意見回饋。

　　「儘管跟我提出你的看法吧！」我說。

　　「我喜歡這件圍裙，」他表示：「我超愛這個款式，但是我希望能有多一點活動空間，比這件更大一點。」

　　「OK，好的，我明白你的意思！」我說：「你有什麼想法？說出來看看我們能做些什麼。」

　　「我想要……有成長空間的腰帶。」他笑著表示。

　　「有成長空間的腰帶，沒錯！」我說。

　　我們在談話的同時，我也在咀嚼、思考、吸收和消化他的反饋意見。我立刻知道這會提高圍裙的成本，因為這會需要更多的織帶。然而，正是這種對於細節的關注才使我們的圍裙得以脫穎而出。圍裙將會適合更多人，這也代表將能滿足更多潛在客戶。

　　現在，回頭想想約瑟夫主廚給我的第一筆訂單，記得我當時絞盡腦汁研究如何調整那些該死的肩帶，一直到確定它們幾乎完美無瑕為止。沒料到腰帶……我是不是很高興又得處理腰帶問題了？一點也不。但我看到了改進產品的方法，我知道自己必須接受。

　　好像每星期都有新關卡要克服。繼腰帶之後，是配件出問題，接著是口袋太小，然後是口袋的車縫不夠穩固。請注意，這些不是我從線上匿名的問卷調查得到的資訊，都來自於自己所尊敬喜愛的真正廚師。他們當著我的面，告訴我圍裙哪裡有問題。大公司會聘請諮詢專家來尋找新市場的機會，而我則是走到現場，向任何願意與我接洽的人當面請益，提出無數的問題。直到今天為止，Animal 餐廳的圍裙還是我最引以為傲的產品之一，而預留成長空間的腰帶已成為我們的標準特色。

　　滿足於「夠好了」實在太吸引人，這點我明白。但不妨這麼想吧，大多數人在一開始碰到困難時，就放棄了，如果你是少數堅持下去的人之一，而且把眼前的挫折視為前進的動力，走得更遠，做得更好，那麼你成功的機會就高出許多。我激勵自己的主因是，我明白當自己遇到困難想半途而廢時（這想法著實誘人），只要我繼續堅持一下，我所有的努力可能會得到回報。但是，如果我現在就此放棄，我永遠不會抵達終點線，就好像在 17 英里處放棄馬拉松一樣＊。當然，當下可能覺得鬆了一口氣，但是你剛剛費盡千辛萬苦跑完的 17 英里呢？此刻放棄的話，你得到了什麼回報呢？什麼都沒有！

　　由於我不輕忽任何可以調整的小細節來改進自己的圍裙，產品因而從好發展到更好，到令人讚嘆，而直到今天，我們仍然不斷追求進步。

　　但是（這個但書很重要！）我先投入工作，隨後再調整。先讓夢想起飛，再解決細節問題。各家餐廳似乎很欣賞我親身實踐的協作方式。我把圍裙當成工具利用，一切從二廚的角度來觀察。此外，在文尼主廚的案例中，他樂意給我反饋，我也虛心傾聽。然而，有時，你可能需要準備一些問題來鼓勵別人表達意見。

＊編按：全馬距離為 26 英里 385 碼。

不接受他人的意見
是絕對不行的

➡️ 無論如何都要尋求他人意見並藉此改進。為了獲得可以翻轉局面的重要資訊，你必須想辦法徵詢意見。以下是我認為對自己很有效的技巧：

■
面對面坐下來談，尤其是在問題嚴重的時候，或者至少親自打電話。

■
放下任何防禦戒心，真心誠意地傾聽對方。

■
不要著急。承認錯誤並耐心理解每個意見。

■
如果因為某事未達對方的期望，有理由道歉，那就道歉。

■
深入探索，提出後續問題，詢問對方原因。

■
有時有必要解釋為什麼對方的想法行不通或更有效。

■
盡可能全神貫注，這代表要有充足的睡眠、飲食和鍛鍊身體。展開新事業就像跑馬拉松，身心都需要燃料。

精華摘要

想要精益求精，
務必向客戶提出的
六大問題

① 什麼做法有效？

② 什麼做法無效？

③ 如果你發現我們的產品或服務出了問題，
你認為最好的解決之道是什麼？

④ 如果你對雙方的合作關係抱持觀望態度，
什麼是你絕對無法接受的？

⑤ 如果出了問題，而我們不能具體解決怎麼辦？
是否有別的方法可以補償你呢？

⑥ 你還希望我們做些什麼？

5

勇往直前，
不斷創新

➡ 在 H ＆ B 草創初期，我們只是一家小公司，大家都是校長兼撞鐘，每人都身兼多職。

但是，我時時刻刻在拜託當時僅有的員工，包括裁縫師、銷售人員，有時是生產經理求他們快馬加鞭、少犯錯誤、協助處理緊急事件。嗯，我時而懇求，時而大吼大叫。

以下是H&B早期發生過的幾次意外狀況：

☐ 有一次傑米・奧利弗（Jamie Oliver）要穿我們的圍裙主持慈善活動，但最後交貨時間緊迫，我真的派人親自飛到倫敦去送這件圍裙（完全不符合成本效益）。

☐ 還有一次，亞斯本的美食與葡萄酒傳統節慶（Food & Wine Classic in Aspen）訂做了一些圍裙，但我們錯過了貨運收件時間，只好讓兩名員工開車送貨到現場（車程14小時）。

☐ 最嚴重的配色災難，我們不小心將頂級主廚理查・布萊斯（Richard Blais）圍裙上特別訂製的黃綠色刺繡色調搞錯了。我們一直都沒發現，直到圍裙已經縫製好、出貨之後，才收到主廚沮喪又失望的抱怨（這是可以理解的）。

　　你現在聽這些經歷可能會覺得沒那麼糟糕，但是在當下，對我們這間小公司的信心和銀行存款可是造成了可怕的打擊。

　　我還太資淺，看不出自己在H&B功能失調的生產線中的角色。我沒有MBA學位，也不具備服裝業的背景，再加上我該死的實在太忙了，結果就是我們沒有制式的生產流程，沒有一套真正的系統——無論是在生產線的哪個階段，從我們把訂單丟給裁縫師、到他們把圍裙製作完成（經常出錯）、再到最後將成品運送給客戶（通常有所延遲）。只要我們的訂單一出貨（即使是驚險萬分），我只在乎當天結束時的解脫和勝利感，完全忘了過去24小時內幾十次嚇到快心臟病發作。

　　我們最驚恐的一次經驗是發生在2013年1月。

2012年12月，Volt餐廳訂單交貨日期前1個月

這一切始於我和Providence的夥伴一起在名廚邁克爾・沃爾塔吉歐（Michael Voltaggio）的Ink餐廳所舉辦的特別活動上大展身手時，他的哥哥布萊恩把一張紙條塞進我口袋。我打開之後，看到上面寫著：我需要100件圍裙。

哇靠！這是我們有史以來最大筆的訂單之一。不僅如此，這是為了布萊恩在華盛頓特區新據點Volt餐廳盛大開幕時要用的，只剩下幾個星期的時間。我的媽呀！但是，我絕不可能拒絕這位餐飲業大咖這麼大筆的訂單，所以一頭栽進去，決心要完成任務。

我立刻去檢查庫存、諮詢裁縫師，捫心自問究竟可不可能辦到。當然，未來的艾倫正搖頭看著年輕的艾倫，心想：哦，天啊。但是，你在創業初期的時候，根本不知道會面臨什麼挑戰啊。

我們會努力實現，即使是要了自己的命！

所以，我在那個日期上畫了一個大叉叉，像是在說：這一天，訂單一定要完成，沒得商量！請注意，過程中我沒有為了確保是否能準時交貨而設定進度檢查。我從來沒有停下來思考過：嗯，如果1位裁縫師要花這麼多小時完成1件圍裙，我需要在21天之內完成100件圍裙，那麼……

在我這個魔幻現實主義的腦海中，唯一可能的願景就是結果成功。

接下來就是一陣瘋狂忙碌。

發生在我公司的四件事
（其中一些我毫無所覺）

① 錯誤成了常態，例如圍裙顏色錯誤或刺繡刺錯了。工作人員未經訓練，管理不善，因此當這些錯誤發生時，大家並沒有記取教訓。

② 客戶抱怨往往受到員工忽視，直到客戶怒不可遏。

③ 錯過出貨日期，造成大筆訂單昂貴的隔日運費成本（約200至500美元）。

④ 不同部門對於任何錯誤推卸責任、相互指責。

「那些圍裙進度怎麼樣了？」我問：「快完成了嗎？」

「哦，對不起，艾倫，我哥哥昨天被人刺傷了，」裁縫師回答我：「我不得不趕去醫院，我會在這個星期完工，我保證。」

呃，搞什麼鬼？！

「什麼？！他沒事吧？你還好吧？！你說他被人刺傷是什麼意思？我的天啊，我真的需要盡快完工，我該怎麼辦？訂單必須在這個**星期五**出貨啊。」

「好啦，沒問題，我會準時生出來。」

他們**昨天**也是這麼保證的！只好這樣了。我在全城有3場會議，另外還有2筆訂單需要出貨，還有其他一大堆的細節需要搞定，再加上我下午3點還要趕去Providence輪班（在赫德利＆班奈特成立的第一年，辦公室只有3名員工，我還是繼續在Providence當二廚），所以我急忙跑回辦公室繼續工作。這情況一直持續到出貨日期的那天早上，我跑下樓去找我們的裁縫師，圍裙還是沒準備好。

當我走進他們混亂的工作室時，原本恐慌的情緒更急劇上升。小房間裡如經歷海嘯般散落滿地的布料織物，包括圍裙、其他客戶的材料、他們批發來的廉價進口衣服，這些就足以讓你喘不過氣了；還有一包吃到一半的奇多（Cheetos）倒在加工中的圍裙旁，橘色起司粉末幾乎快要倒出造成危害的，留下離奇的油漬印記。還有外賣容器、其他零食、喝到一半的汽水

罐，散落在各處。

　　我不斷地懇求、催促，帶著痛苦和恐懼的聲音高喊：「我們不能延誤！」我使盡全力，要求裁縫師務必完成。這對我或他們來說，都很不好受，這招在以前能發揮作用，不過這次卻失敗了，圍裙根本還沒有完成。但是沒關係，我們隔天還可以用聯邦快遞寄送。

　　由於當時每筆訂單都是客制化的，因此很容易出差錯，常常會出現超急緊急的狀況，像是布料、吊環或其他一些必需品短缺。我們的原料並非由固定的供應商提供，因此我得想盡辦法從各個織品零售商店和供應商處湊齊所需，這通常都發生在時間緊迫的情況下。

● ● ●

　　到了第二天清晨，圍裙還是沒有完工，這下好了，開幕的日子就在**明天晚上**！但是，嗯，只要我們能夠在今天結束前做好，就可以用快遞送去，不管要付出多大的代價。在那個漫長而痛苦的下午，我幾乎緊盯著裁縫師的每一針，然而，他們還是沒辦法在最後期限前完成。等到我們終於把圍裙成品整理好時，已經來不及趕上當地聯邦快遞站的收件時段。這下，我這個圍裙女瘋子，瘋狂又驚慌失措的艾倫，旁邊坐著超級業務和重要副手瑪麗莎，快馬加鞭開車上高速公路、趕去洛杉磯機

基本事實

━━━━━━━━━━━━━━━━━━━━━━━━━━━━

➤　第一年之後，當我辭去在Providence餐廳的全職工作時，我們開始販售零售價位從38美元的半身圍裙，到85美元的連身圍裙商品，也為餐廳／飯店／咖啡店／任何服務業人士提供商業折扣。我們同時也不自覺地建立了D2C和B2B業務，每種管道的定價都不相同。我們的營業數字大致如下：

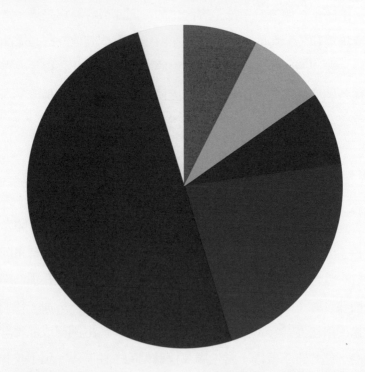

■ 圍裙製作成本（材料、生產）　　■ 製造生產（租金、運輸、補給用品、維修保養）

　 銷售（差旅、廣告、訂閱）

■ 薪資　　　　　　　　　　　　　 ■ 公司費用（銀行手續費、保險費、辦公室、法律、會計）

■ 利潤

場。我們打算直接開到停機坪上，親手將這些圍裙送上聯邦快遞的飛機——我們真的打算這麼做的！當然，在現實中，一道帶刺的鐵絲圍欄阻擋了我們。

「有什麼事嗎？」洛杉磯機場停機坪外的警衛詢問我們。

「是的，先生！我們想要去聯邦快遞飛機的停機坪。」

不用說，對於讓我的 Mini Cooper 開到聯邦快遞停機坪的請求，保全人員樂得澆我們一頭冷水，反而告誡我們可以像任何正常、理智的人一樣，去聯邦快遞的收件地點寄送包裹。

這下是沒辦法及時運送圍裙了。這是一次嚴重的傷害，也是重大的警訊。以前幾次錯過了交貨期限，我們都會想出一些瘋狂的解決辦法，扭轉敗局。但今天是不可能了。就算我想連夜開車到華盛頓特區也不可行，我們失敗了。

我站在鐵絲圍欄外面，呆若木雞、沮喪至極。

我向來充滿行動力和決心，而這輩子第一次，我站在黑暗之中，面對一整車箱的圍裙，覺得一籌莫展。

毫無疑問，我真的失敗了，感覺痛苦到了極點。我總覺得世界很愛我，我也愛這個世界，一切都很美好直到永遠，而那一天我徹底幻滅。我們都知道天真幻滅的感覺令人傷透了心，但我沒時間停下來療傷止痛，就快要天亮了，還有下一批訂單絕對得**立刻**出貨。此外，我還得寫郵件回覆正在處理的訂單問題，還要回電給一些廚師探詢對方最後是否要下訂。另外，還有助手傳來簡訊，問我問題或回報最新情況，全都需要我回

覆。但是，我現在得先收拾眼前的爛攤子。

值得慶幸的是，我有足夠的理智能將所有雜音排除在外，這次的業務出錯使我突然間明白一個大道理：創業不適合膽小之人。在那之前，我們的確發生過幾次熬夜趕工和最後一刻驚心動魄的救援行動，但大多時候一切都很順利，廚師們都很熱情、設計過程也很令人振奮，而我也開始受到媒體的正面評價，例如刊登在商業雜誌《Fast Company》、《洛杉磯時報》（Los Angeles Times）、《Food & Wine》的有趣文章，報導這位可愛嬌小的二廚新開的圍裙公司。我以為做生意就是那麼回事兒，殊不知那只是肉桂麵包上的楓糖漿，現實其實是這樣的：要開公司做生意就要承擔錯誤。

我灰頭土臉地打電話給布萊恩的助手轉達這個壞消息。沒有其他人可做這件事，即使有，我也會親自打這通電話。當你不得不令人失望的時候，親自出現在對方面前再重要不過了。我打算接受應得的懲罰，看我能做些什麼來彌補這個過失。我手心緊握、心跳加速，深吸了一口氣，撥了電話給她。

「喂，妳好嗎？」我輕聲說道：「我想跟妳報告個壞消息。很不幸的，我們沒能準時交貨，真的很抱歉，圍裙都已經準備好了，但是來不及趕上貨運飛機。我們試圖趕到，真的，但不幸的是，我們錯過了收件時段。我們盡了一切可能，但最終還是沒能趕上。我們明天會立刻將圍裙快遞送過去。再次強調，我真的很抱歉。」

電話那頭一片沉默，我感覺得出來，她正在消化這個事實，苦惱該怎麼去跟她的老闆說這件事。

「我真的很抱歉。」我再次重申。

「謝謝妳讓我知道，」她回道：「我會跟主廚說。但我不得不說，這真的很令人失望。我知道這也不是妳能控制的，但我們早就講好了這個日期。」

她的回應並沒有很憤怒，但我還是覺得糟透了。

這筆訂單我們最終沒有向他們收取任何費用，當然包括那100件圍裙的快遞運費和圍裙本身，全都分文未取。是的，Volt餐廳的好人存活下來，而我們也生存下來了（雖然我們當月的預算大失血）。但這次的事件正是一記嚴重的當頭棒喝。

我自此才開始領悟到，自己花了好幾年卻不好意思承認——過程的存在是為了允許並支持創造力，而非為了破壞它。最終，你必須跳脫生存模式才能茁壯成長。這是創業者要面對的殘酷事實。沒錯，要大膽行動、向前衝，失敗之後立刻重新站起來，再次嘗試。沒錯，就是不斷重複這一切，很可能要花上幾年功夫，即使到了似乎走投無路的境地。這實在太困難了，好像真該扔下毛巾就此認輸了。嗯，你還是得深吸一口氣，撿起那條毛巾，繼續勇往直前。想建立一個企業或有任何成就就得這麼做，真的，至少這是我的經驗之談。

但是，一旦事業建立、開始運作、成長之後，你必須停下腳步，重新評估並修正自己的方法。唯一的問題是你的生意不

會停止發展（至少你會希望它最好不會！）因此，你必須在事業火車頭已在運行之際，調整速度和方向。

　　和許多創業者一樣，我在這方面經歷了相當殘酷的學習過程。我花了很多年，換過一系列當時所能取得最能解決問題的系統，最後終於換成一套更強大、更好的系統，解決這種瘋狂紊亂。隨著事業的持續成長和演變，系統目前還在持續改進當中，而未來可能需要更多、更進步的新系統，不可能一直只靠一套系統安然度過。然而，當這套系統真正發揮作用時，沒錯，這感覺真的很好！當我們面對實際的考驗，頭一次冷靜地處理，而不是一團混亂時，我哭了（這點稍後再詳述）。此刻，我的重點是：下次你碰上問題，不管是「人為因素」，還是你「個人」的問題，不妨停一下，很可能是流程出了問題。拿出你的偵探本領，仔細勘查。同時，如果答案不是立即顯而易見，或者是無法一次弄清所有問題的話，也不要太苛求自己。我可以根據自己辛苦得來的經驗，提供一些建議。我認為這個流程從來就不是穩固又美好的，而是不完善又淩亂的，你要一邊做一邊學習。要記住的一點是，採取任何行動都是向前邁出的一步，而且往往能提供有用的資訊，而有辦法改進你的決策和方法。總是有學習、調整和成長的空間──這是我最喜歡的方法。

　　以下是我希望自己能早點想到的一些問題和行動：

☐ 停下腳步、放鬆思考、仔細觀察。

☐ 成功的願景是什麼？

☐ 是否已經清楚傳達了這些期望？

☐ 我們流程的第一步是什麼？

☐ 我們過去做對時，採取的是什麼方法？

☐ 誰是這個過程中的關鍵角色？

☐ 每項任務的負責人都適任嗎？

☐ 我們會從重覆出現的錯誤中吸取教訓，還是一再做同樣的事而僥倖期待不同的結果？

☐ 是否有任何一再出現、需要協調的問題？

☐ 我們有一切必備的工具嗎？

◀

翻修之前：全體員
工一起努力動手裝
潢我們的總部，大
約攝於 2015 年

　　無論你是管理團隊，還是打算出書，都需要查看自己的流
程。執著地記錄你已經在做的事，放大檢視反覆出現的問題，
然後設計更好的系統來避免這些沒有成效的習慣。

　　我最終學會了這一點。然而，即使在第一年時，我也很清
楚地知道：各種難關考驗將是整個冒險的一部分，為了持續成

長、日益精進，我必須接受這一點。我會被困難徹底擊敗，同時又看到一些關於自己的美好報導，使H&B看起來像是個運作健全的富饒之地。有時候我必須習慣這兩種現實之間的巨大落差。我也必須要勇於負責，**總是**承擔一切錯誤，**繼續**向前邁進。有時我會犯錯，有時是別人犯的錯誤，這兩者之間沒有區別，不管我喜不喜歡，在心理上和實際行動上，都必須承擔這一切，親自面對，改正錯誤。

現在我有一句口頭禪：一直堅持下去，不斷創新求進步。

▲ 翻修之後：我們的展示間，照片取自商業雜誌《Fast Company》的文章

關注你擁有的一切，而不是你所沒有的

（如何快速應變、解決問題？）

→ 讓我們先花一點時間，解決大家都避而不談的重要問題。先追夢，隨後再擔心細節問題，這聽起來很棒 —— 甚至開始覺得好像可行 —— 但是，究竟要怎樣才能真正做到呢？尤其是當你沒有資金？好消息是，大多時候受限於預算其實有助於想出一些更新鮮、更棒的點子。

我住在墨西哥時，以及後來冒更大風險經營H&B的時候，總是試圖跳出制式的思考框架，想出解決問題的辦法，而不是讓問題擊垮我。因此，打從一開始，我就必須有額外的創造力，而不只是上網「訂購」或聘請一家機構來「研究」或「幫我完成」。

赫德利＆班奈特本身就是自籌資金的公司，在我和一群室友分租的房子裡創立的，當時我們每個人都有自己的人生冒險。我有500美元的積蓄和3份烹飪工作，賺的錢還足夠，不必依靠創業初期的利潤過活。我也將開銷絕不超支的智慧謹記在心，因此少了避之唯恐不及的債務，我把多餘的每一分錢都重新投資到公司裡。在公司成立之後，我白天的工作仍然繼續保留了一年，最後才敢完全放手一搏。每天我都花很長的時間在工作上，甚至犧牲週末假期投入工作。有「任何事」需要完成的，我不是找外包公司或雇人來做，而是上網查詢、了解細節、請教朋友，然後自己動手做。

開創新事業並不容易，不管是就經濟或個人層面而言，這個現實沒有捷徑可循。然而，有一些可以讓你精打細算的省錢妙招能使你更接近自己的夢想，這些是艾倫·班奈特的獨門招數，在迫切需要時，給了我一些喘息的空間，也確保我在緊急狀況時有額外的積蓄可用。

以物易物
（用你擁有的去換取你所需要的）

　　每次我告訴別人自己這些年來以物易物的經驗時，往往大家都驚訝不已，我可以感覺到他們一定這樣納悶：妳真的可以這樣做嗎？！是啊，當然可以，只要你想清楚自己有什麼能提供別人的本事，接著就鼓起勇氣徵求對方同意能否接受你提供的選項，以取代一般的金錢報酬。有時對方提供的不見得是你需要付費的東西，比如建議，但向對方表達感激他們的時間、專業知識和協助，並給予一些具體的回報，這樣對方感覺不是會更好嗎？

　　就拿我的1位良師益友（mentor）——謝恩——為例。他是公開上市汽車零件大公司的CEO，這聽起來像跟圍裙世界八竿子打不著（的確如此）。不過幾年前，我透過一些共同的CEO朋友認識了他。當時我們才剛搬進H&B總部不久，我邀請他來參觀。他來的時候，我立刻發現他有很多專長，都是我欠缺的——比方說，需要鉅細靡遺的金融領域！我吞下自己的驕傲，給他看我有點混亂的帳冊。我只知道我們所有貨款都是按時支付、沒有債務，開銷也絕對不超支——其餘的我都不太清楚。他人很和善、具有耐心，又樂於助人。

　　我的目標是拿出足夠的時間向他當面請教，學習他非凡的經營手法。我並非只是現問現學，而是拿出自己的看家本領，以我的廚藝做回報。不只如此，我也知道他很重視家庭，便提議到他家去教他孩子做飯，他和妻子都很喜歡這個主意。這樣有趣多了，比起沉悶的商務會議討論，更能使我深入了解謝恩和他的家人，而他也可以看到我真實的一面，有助於為我提出更好的建議。他的實務經驗幫助我在H&B建立了更有效的營運系統，

也引領我聘請了 1 位兼職的財務總監，實際上為我節省了數萬美元，也省去自己的麻煩。

當你缺乏資金時，想想自己有什麼其他資產或技能，或許是別人可能需要的。世上除了金錢之外，還有很多其他形式的貨幣！我的本錢就是烹飪能力。我帶著燦爛的笑容，提供自己的烹飪技能，以換取裁縫樣板和財務建議。

後來，我們 H&B 寬廣的新總部有許多額外的空間，我把閒置的角落借給精品咖啡公司 La Colombe，讓他們可以在洛杉磯建立第一個據點。他們有個專屬區域，可供洛杉磯員工營業和培訓新的咖啡師。我的員工和所有來參觀工廠的訪客，都能享受到免費咖啡。這種關係其實可以更精確地描述為情感交換（emotional bartering）——因為雙方基本上是透過夥伴關係為彼此擔保，我們等於在對飲食界的人宣示，我們對彼此的信任夠深，足以相互合作，哪怕只是以這種微小的方式。由於雙方公司都具有一定的知名度，我們都獲得了曝光率和新客戶。當我和超人氣冰淇淋品牌 Jeni's Splendid Ice Cream 的珍妮．布里頓．鮑爾（Jeni Britton Bauer）成為好朋友時，我們也是採取同樣的做法——讓任何前來 H&B 總部的人都能免費享受到她的冰淇淋（和擁抱）。大家都喜歡意外的驚喜啊。再說，把平台提供給和自己一同並肩作戰的人或公司，這感覺真的很好——碰到困難的時候，這小小的士氣鼓舞就像救生圈一樣（一如咖啡和冰淇淋）！

徹底執行別人給的建議
（你將獲得更多幫助）

哦，另外還有一件事很重要：每次謝恩給我合理的建議之後，不管是讀完一篇文章或一本書，又或者是大肆整頓H&B，我總是竭盡所能、儘快完成。然後，我會向他回報目前的進展如何，再看看我下一步應該怎麼做，以此再接再厲求進步。如此一來，我等於是在告訴他，我十分重視他給的建議，這會使他也認真看待我和公司，從而衍生更多良好建議。大家都很忙，尤其是事業有成的人，如果他們慷慨地為你抽出時間分享經驗，把人家的建議束之高閣，不當一回事的話，實在是太不尊重人了。此外，企業和人脈關係是動態的，只要你投注愈多的心血，就會變得日益茁壯、精進。當然，不要造成對方困擾，評估合理的互動時間和進度，以及需要多少具體的資訊。我個人肯定已經看到合理的互動往返是多麼有成效。

精
華
摘
要

充分善用別人提供的建議，
對方將會樂於為你提供更多幫助。

訣竅三

不要怕向人開口

　　我不想太囉嗦，但這是最後一次給你的善意提醒：如果你有什麼需要，那就放膽開口去要吧。（我知道啦，我這輩子也是很害怕聽到「拒絕」，但總是會想出解決之道，提供一些東西和人交換自己的需求，這讓我有開口的勇氣）。想辦法讓自己遠離舒適圈，採取行動，就會使你在人生中心想事成，這可能需要一些耐心和堅持到底的勇氣，但最終會帶來好結果。即使你想要共事的人目前並不需要你，也要繼續出現在對方面前，證明自己的價值，你很可能就有機會成為特殊團隊的一分子。我覺得有時候我們在證明自己的能力之前，太快要求和期待有所得。做些研究，找出真的值得你與之結盟的人，慢慢來，然後，冒個險，向那些深受你尊崇景仰、小有成就的人士，提供自己的一些本事，也許會有所回報。

訣竅四

凡事自己動手吧

　　我是個凡事自己來的女孩，既是迫於所需，也是因為我天生就有一股渴望改造世界的創造力。小時候，我自己獨力重新裝修了公寓，跑去家得寶（Home Depot），買了一些必需品便開始動手，把家裡的每個房間都重新粉刷一遍。為了創造美麗的事物，尋找各式各樣的方法，這一直是我的行動方針，我在早期創立赫德利＆班奈特總部時，也是用了這種省錢的DIY態度。

　　我們的總部據點原本是個不怎麼起眼的倉庫，但我看到了此處的潛力。我看到色彩繽紛的牆壁、巨大的公共廚房、活力充沛的完美空間，這裡正適合創造美麗的圍裙。我真正想要的是為社區創造空間，我們可以在此舉辦活動。當然，對我來說，把人們聚集在一起意味著：我需要一個超大的廚房。我們和以前一樣，幾乎沒什麼預算。因此，我們拼湊了IKEA經典家具，再透過Vitamixing（爭取意外機會）── 這是我們在前一個辦公室時自創的術語，你想要某個東西，突然之間出現得到它的機會：我一直想要一台Vitamix攪拌機，忽然有個電視節目同意用他們的廚具來交換我們的圍裙，廚具中包括一台Vitamix攪拌機。瞧！一台新的攪拌機！這種方法幫助我們得到許多電器。我們原本很陽春的廚房，立刻成了美食和娛樂中心，我們也瘋狂使用那台機器。我們以創意的方法擴展得來不易的資源，發展出多彩多姿、美麗的產品和空間。反之，這些產品和空間也使我們賺更多錢。

　　即使你以前羞於捲起袖子，不敢積極行動或勇於嘗試，現在開始永遠不嫌晚。DIY的方法對你還是有用的。你平常習慣外食嗎？不妨發掘自己的烹飪熱情。想節省非業務費用嗎？自己去學習基本的程式設計，而不是雇人來幫你建立網站。想要自己動手做取決於你的目標、優勢為何，以及對夢想最有意義之處。你解決問題的本事遠超乎自己的想像，不必非得付錢給別人來創造你可為自己創造的東西。此外，你的事業做得愈大，就得付出愈多。總部一裝修好後，我們就將這個空間借給其他希望在此舉辦活動的公司使用，這樣可以換取我們在社交媒體上播放活動影片的權利，以及大量的商譽和社群發展。

爭取意外機會 Vi-ta-mix-ing

在人生中爭取機會，可能會幫助你得到一些夢寐以求的東西——以我們公司為例，一台 Vitamix 攪拌機！但前提是，你得先發掘這個機會，並主動爭取。例句：I Vitamixed a Vitamix（我主動爭取得到一台 Vitamix 攪拌機）。我想要一台攪拌機，一個電視節目打電話來說他們想要我們的圍裙，雖然沒有預算，但有廚房設備可提供。因此，我們用圍裙換來了一台 Vitamix 和其他需要的廚房設備。

存錢以備不時之需

當公司總部（我們的庇護所）處於危及存亡之際（呃，我們收到驅逐通知，這點容我稍後詳述），對於必須一舉扭轉敗局上，我覺得有了更深層的領悟。事實上，這是由於一開始我們就做出的一些明智選擇，才得以安然度過這次危機。我一直都很節儉，也有忠實的餐廳客戶下的穩定訂單，還有一筆小小的儲備金，這在新創事業當中其實是很少見的。我和公司的財務人員一起制定了計畫，只要我們把倉庫的幾個角落短期出租給其他行業，就能彌補這個缺口，以保住這棟大樓。但是，我們必須完成眼前所有的訂單。

「切忌入不敷出」

自 H&B 成立以來，我每天都謹記著泰德叔叔的建議。生於單親媽媽和資源有限的家庭中，我在年輕時就懂得理財，無論是迫於現實，還是出於好奇心。這裡給你的建議可是好幾代精打細算的班奈特家族得來不易的經驗之談。

想辦法達成目標，找出解決方案

最好的途徑不一定是最花錢的。當我一發現在墨西哥城有學費1萬美元的烹飪課程時，我立刻採取行動，這是讓我從A點進展到B點最好的方法。

我在2006年開始上烹飪學校，那時我在墨西哥城待了6個月左右，生活已經是從早到晚忙得不可開交。我把課程安排在試鏡和工作輪班之間，把所有的行程都記錄在筆記本上，隨身攜帶，像是寶貴的金塊似的。

我是學校裡唯一1個以西班牙文為第二語言的學生，因此肯定與眾不同。用西班牙文上大學課程比在餐館點菜要複雜得多。但是，這個班級緊密聯繫，大約30名學生，很像我高中的最後時期，在這個由各行各業、不同人士組成的團體中，我立刻感到很自在。有些人年紀稍長，已經事業有成，只是想要自我充實。有些人還很年輕，正在學習如何接管家族企業。

不管怎麼樣，所有的財務現實和決策，只有你自己最清楚。我只是建議你要多利用創造性的解決方案，這樣才可以在放棄夢想之前，給自己一次機會。你實際賺取和花費的資本總和，只是整個賺錢公式的一小部分。請勇於思考、敢於夢想，對財務有點信心。你不必非得是24歲和單身，才能想到有創意的財務解決之道。你只需要誠實地面對自己目前的現狀、你有能力做什麼、實際上需要做什麼，以及你願意做什麼來實現目標。

6

逆境不是
阻礙，
而是出路

➡️當你身陷困境、感覺火燒眉毛之際，真的沒有什麼保持冷靜、隨機應變的祕方。但經歷多次考驗，自然能處之泰然。

　　在三年內搬了三次家之後，我們的公司仍在茁壯成長，不得不於 2015 年再次搬遷，從原本的廚房餐桌，隨後首度換成 400 平方英尺的工作室（約 11 坪），再到 1,000 平方英尺（約 28 坪），最後是在同一棟樓裡新增了 1,500 平方英尺的空間（約 42 坪）。當公司的生產部經理告訴我看到了某個出租廣告時，地點剛好在我們第一家超酷的大型合作製造廠商隔壁的工廠，我立刻前往查看。

　　仲介經理抵達，拿著一大串鑰匙走上來。他看了我一眼，上下打量著，表情像是在說：妳看起來比我十幾歲大的女兒還年輕，但我不想和他計較，只是微笑以對，跟他一起走進去。這個地方像發生巨大災難般：陰鬱、黑暗、油漆四處剝落，簡直就是一團糟。當我們遊走於一大堆布料、破舊淘汰的機器和四處散落的電線之間時，我立刻愛上這裡，直覺告訴我──就是這裡了，這將是我們未來的家。

　　結果，我們發現隔壁的合作製造廠商也希望有多一點發展空間，所以我想：不妨讓他們也加入這個空間，一定會很棒，我們可以一起成長。我已經每週給他下裁縫訂單了，而且數量一直在增加。他們的公司很可靠，又準時交貨，一向都做得很好，此外，他們也已經穩定經營多年了。我們在 2015 年 6 月中旬共同簽訂了合約。

　　我的工作人員剛到此地時，毫不遲疑地指出這個像飛機棚大的空間看起來糟透了。

「哎唷，這裡好恐怖啊！」我的某位員工如此表示，我就不說是誰了。

他們看到的是眼前破舊髒亂的現狀，而我瞧見的卻是此地的潛力。我想像著陽光普照、色彩鮮明的牆面、盆栽植物，以及幾十件美麗的圍裙陳列其間。這裡原本是一家網版印刷廠（screen-printing facility），有多處我們不想要的油漆（例如窗戶上的），很多地方也需要補強（如剝落的天花板和牆壁），到處都是堆積如山的廢棄垃圾，但這些問題都是可以解決的。看著這棟樓，我已經開始想像，這個如此巨大的空間將激勵我們擴展自己的可能性，有助於鞏固 H&B 的圍裙世界，主廚和廚師無處不在，從米其林星級餐廳到初次動手做烤雞的人們，都因穿著我們的圍裙而感到自豪，一切都將具體展現於此地！

首先，我們把所有牆面都漆成**白色**，這樣看起來清新又有生氣。我們租了一台工業用剪叉式升降機，盡可能地刮掉各處的舊油漆並重新粉刷。然後，再找了別人推薦的一些傢伙來粉刷其他我們無法觸及的地方，手法專業，但價錢便宜，這是個成功（且必要）的組合。為了讓這個地方更有朝氣，我的助手史蒂芬（一位萌芽中的藝術家）拿了剪叉式升降機的鑰匙，開始操作它，在內部轉來轉去，升至30英尺高處，在牆上畫了一些我最喜歡的勵志名言：「奶油使一切食物更美味。」——茱莉亞・柴爾德（Julia Child）；「只要有夢想，你就有實踐的能力。」——華特・迪士尼（Walt Disney）；再加上我自己的座右

銘：「如果前門沒開，那就從窗戶爬進去吧！」

最後，我聯絡了值得信賴的老朋友，Swing Set Solutions鞦韆供應商的丹尼斯。他曾為舊辦公室建造了鞦韆，現在我要請他進行更大的工程計畫：樹屋！何必要建造無聊的石膏板牆面（drywall）辦公室呢？蓋個遊樂場風格的雙層樹屋也行啊，而且會比建造新辦公室便宜得多，對吧？

適當的內部裝修工作得花費4至6萬美元，也需要好幾個月的時間，例如申請許可證，找有執照的承包商等。反之，我們在丹尼斯一手全包的協助下，得到了所需的一切。

當丹尼斯來此進行初步評估時，我指出了自己希望兩層樓樹屋辦公室的所在地點，他仰起頭往上看，然後搖了搖頭。

「我不確定這裡容得下兩層樓的樹屋。」他直截了當地說。

他雖然習慣和瘋狂的父母打交道，還是對眼前的任務明確表示懷疑。我們繼續溝通。「好吧，應該是可行的。」他說。

「我們也想要一個空中飛索哦！」我表示。

「那可能會有點難度。」他答。

然而，經過仔細思考之後，他也同意了這一點：「好吧，應該可行。」

全部的花費：兩層樹屋辦公室，也是我的總部改造夢想的祕密武器，總共8,000美元。

我們還加了黃色螺旋管溜滑梯和80英尺長的空中飛索，這使整體氣氛更加活潑：我所有的威利旺卡夢想都成真了。

H&B工廠
大規模改造

→ 在重新整修16,000平方英尺的總部時，我們投入比金錢更多的心血和精力，結果創造出威利旺卡風格、神奇又有趣的工廠。促成這個空間現狀產生突發奇想的靈感包括：

行走於工廠內部，夢想著無限的可能

美國製、未加工的肩帶織品是H&B圍裙的重要基石之一

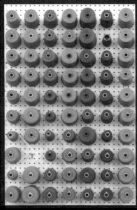

我們H&B的洛杉磯工廠正在全力運作中

總部中，我最喜歡的特色就是橫越展示廳的空中飛索

我們的總部呈現威利旺卡風格、樹屋辦公室、溜滑梯和實驗廚房

工廠的實驗廚房，供員工聚會和廚師社群活動之用

大約一年後的某一天，我正帶著訪客參觀我們引以為傲的赫德利＆班奈特總部，進行到一半時，我抬頭看到公司的接待員朝我走來，神情看起來非常慌張。她知道不能在訪客面前透露，但朝著站在她辦公桌旁一位西裝筆挺的男士瞥了一眼。

「嘿，我能和妳談談嗎？」她問我，朝那位訪客露出怯怯的微笑。

「當然可以。」我說。

「請稍等我一下，好嗎？」我對眼前的客人說道。

他點點頭，便走到其他地方，仔細看看穿越工廠中央的空中飛索和溜滑梯。我很慶幸能稍微分心，拉著我的接待員走到幾英尺遠的地方悄聲說話。

「呃，」她遲疑地說道：「妳看看這個吧。」

她把一大捆文件塞到我手裡，我低頭看了一會，內心沉到谷底。我們剛收到限期30天的驅逐通知。在我們為H&B總部投入了那麼多心血之後，不知什麼原因，就要被踢出這個好不容易建立的甜蜜家園。

當我決定與合作製造廠商共同簽署租約時，我知道會冒一點風險，但從未想過竟會以這種驚人的方式收場：他把我們一半的租金私吞了，連續好幾個月都沒付給房東一分錢，導致我們的押金，更別提我們已經支付的所有租金，全都消失了。

他不僅**無力**償還自己私吞的任何款項或想出其他的解決辦法，他的公司也正瀕臨破產。為了償還債務，他20年來所有的

機器設備，包括我擁有的一些，全部都被扣押。我花了 5 年時間，終於有了今日的成果，花費從沒有超支，沒有貸款，也沒有外部投資者。公司百分之百是我的，突然之間整間大倉庫也成了我的，還有這個空間所欠下的鉅額款項。更糟的是，我是這麼尊敬他，顯然我看人看走眼了。

我的戰鬥或逃跑本能開始浮現。和任何自我保護的哺乳動物一樣，我冷靜地逃走了。我向訪客致歉，送他離開公司，隨後回到讓我安心的樹屋。現在，我在這裡，一個成年人，在我的樹屋辦公室，牆上畫著一個牌子，上面寫著：「汗濕的雙手，熱情的心，不可能輸的。」（Clammy hands, full hearts, can't lose.）我一直在想：這該死的是怎麼發生的？我到底是怎麼讓這一切發生的？我們是怎麼搞的？我又是怎麼搞的？我怎麼能讓這種事發生呢？該死的！我輸了！

這會是 H&B 的末日了嗎？就在我們即將進入秋季和假期之時，這正是一年中最佳的銷售期，我們可能會流落街頭，沒有地方可以營業。

我有選擇：我可以花更多時間自責與不可信賴的人做生意，沉溺於痛苦中，或者我可以退後一步，正視情況已經改變，我的租賃夥伴已經不在，這條路行不通了，同時想辦法重新掌握情勢。在此危機時刻，正考驗著你個人和身為領導者的決心，衡量成功的標準不是你在一週或一年前所做之事，而是你在面對今日處境時，是否能快速思考如何應變並解決問題。

企業家

→ 不要指望事業一帆風順

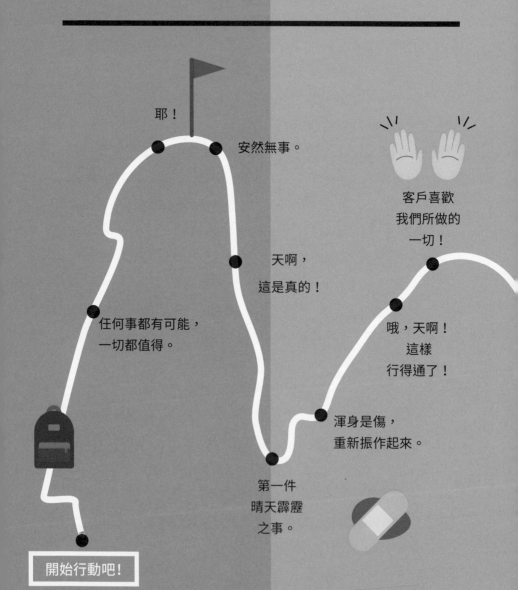

耶！

安然無事。

客戶喜歡
我們所做的
一切！

天啊，
這是真的！

任何事都有可能，
一切都值得。

哦，天啊！
這樣
行得通了！

渾身是傷，
重新振作起來。

第一件
晴天霹靂
之事。

開始行動吧！

路線圖

有自信能妥善解決一路上的困境

在Instagram上看
起來光鮮亮麗，
但在現實生活中
努力奮鬥。

廣結
英雄好漢。

隨機應變。

清醒過來，
再次
奮鬥……

一次又一次地
嘗試，努力不
懈。

人力資源部
執行修訂。

在困難中
學習。

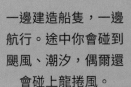

一邊建造船隻，一邊
航行。途中你會碰到
颱風、潮汐，偶爾還
會碰上龍捲風。

醒醒，艾倫，振作起來！

好吧，我需要冷靜下來，開始思考我所擁有的，而不是自己沒有的。沒有人會來救我們——只能靠智慧自救了——所以我只好振作起來，拚命地奮戰。

首先，我需要說服房東相信我真的是誠實的租戶。我從一開始的一些基本做法，如今已經有了回報。從第一天起，我公司的花費從未超支，這並不容易，因為如果我們有什麼需求都必須先賺到錢再說。這是基本常識，但的確有效。我也固定存下公司收入的10％，同時把每一分錢都重新投資在公司上，我自己也幾乎都沒領過薪水。因此，我有一筆很小、但很穩固的儲蓄帳戶。我們也重新調度那一年假期庫存採購資金的預算，決定用這些錢去繳納前幾個月被虧空和本月到期的租金，連同我們的合作製造廠商所積欠的和下個月的租金。

於是，我和公司財務人員坐在小樹屋裡，制定了計畫。這計畫並不完美，卻不失為可行之道。雖然分析很重要，但不要在那個階段停留太久——無所作為等於是做了某種決定，因為現實世界會決定你的未來。

我從來沒見過佩吉本人，但是我知道這棟樓曾經是她父親的，因此對她有特殊的情感意義。嗯，那是我們的共同點——這個倉庫就像是我血肉之軀的延伸，對我來說再重要不過了。幾個月來，我已經在這裡投入自己所有的一切，我很興奮地向她展示我對此地所付出的心血。因此，一如我所計畫的，我和

為了拯救 H&B 總部
而做出的六項即時決策

① 為了籌措必要的資金，只好動用存款，同時從那一天開始，即刻削減所有不必要的開支。

② 先挪用原本為假期庫存採購預留的資金，用這筆錢來支付押金。

③ 自己完全不支薪，直到進一步通知。

④ 針對假期所需的所有材料，和我們的織品供應商制定出一套付款計畫，而不是一如往常一次預付所有費用。

⑤ 說服92歲的房東佩吉來參觀我們威利旺卡式的廚師遊樂場，請每位員工在星期天進來辦公室，展現出最好的一面，最後再加上冰淇淋和擁抱。

⑥ 說服房東將總部租給我這個28歲的女孩（我阿姨曾與我簽署了第一個工作室租約）。

她約了時間見面，希望讓這個地方自己告訴她。

好吧，H&B總部保衛行動開始。到了約定的時間，有位高貴端莊的老婦人走進來，好奇探頭查看，想弄清楚我們對這裡做了什麼改變。

「嗨，佩吉！歡迎來到我們的總部，」我說：「看看我們如何改造妳的房子」。

請不要讓我們的心血化為烏有，我暗自祈禱。

頭幾分鐘，我向她展示了所有特別的細節——牆上所畫的斗大至理名言、專業廚房、溜滑梯！我不記得是否給她看了空中飛索（人力資源部建議我不要再讓人使用了）。她慢慢地走著，默默審視著我們的手工藝品。最後，就在我幾乎快承受不了的時候，她朝我微笑。

「太美了。」她表示：「你讓這個地方看起來這麼棒，我父親會很驕傲的。」

是的！我們把這個原本黑暗、破舊不堪、窗戶還被油漆密封的地方，改造成明亮、通風又迷人的天堂。我們賦予此地靈魂，讓它變得很特別。

「好吧，妳已經證明了自己的能力，這個地方是妳的了！」她說。

我嘆了口氣，深呼吸，終於免於心臟病發作，至少在那一天，知道我們還能保留這個家園，感覺很安心。

那段對話使我明白，即使現實世界無情到令你失望，它

也會慷慨地獎勵你在無人知的情況下所做的誠信小事。有時候——只是偶爾——一切都扯平了。

　　我也再次了解到，通往成功的道路並不是單向高速公路，反而是一條漫長、蜿蜒曲折、坑坑窪窪，充滿超速陷阱，有時似乎也會讓你受挫倒退。

● ● ●

　　在這一切發生不久之後，我看著隔壁大樓外、我們之前合作的製造廠商商標被塗掉。他和我一樣，一直是個夢想遠大的小企業主。如今變成這樣，好像他的企業從未存在。就在同一時間，同一條街上的服裝零售商 American Apparel 也破產停業了。這是個重要警訊，事業經營並不容易，即使對於那些苦心經營多年的公司亦然。

　　但我一點也不後悔與他合簽租約的決定。正如我在 H&B 冒險航行的歲月中學到的，但遺憾的是，並不是每個解決方案或人際關係都能永續不斷。旅程中有些篇章不得不結束，你得將之拋在腦後，繼續走下去，但不要忘記自己學到的教訓。大約一年前我首次簽約時，沒有足夠的錢租下整間倉庫。然而，在租賃合夥關係破裂時，我想出了能夠負擔得起整間倉庫的計畫。於是，我簽了一份 16,000 平方英尺的建築租約（約 450 坪），建築物側邊有我們公司的名稱和相襯的彩虹牆，感覺就

如何因應
對你不滿或生氣的人
(無論你是否認同
其想法)

■ 如果你也很生氣,就冷靜一下。在當下不要說話或有任何回應。要求讓自己出去走走,甚至先行離開。深呼吸。此刻你的思緒並**不**清楚。

■ 別忽視問題或對方。正視一切問題所在和對方的感受。

■ 不要透過電子郵件或簡訊回覆。搞砸的事情並不容易光靠簡訊往返或表現退縮的郵件來修復。親自面對面處理或至少通個電話。(這點適用於大多數情況,包括解雇人或辭職,不要逃避!)

■ 卸下對方心防,讓他們充分表達。

■ 仔細傾聽

■ 不要找藉口，只要傾聽，讓對方知道你聽進去了。真心誠意地表示：「我聽到了，我明白。」

■ 選擇你認同的觀點，並承認：「我完全明白，我沒有好好處理自己的事，這是我的錯。感謝你的指教。」

■ 真心誠意地保證：「我會努力改進，下次會處理得更好」。

■ 如果你不同意某件事，試著用一種不挑釁的方式解釋自己的立場：「就此事而言，請容我告訴你自己的想法。」

■ 感謝對方願意與你談。如果適合的話，告訴他們你隨後會發送電子郵件，概述你們談論的內容和下一步的行動。

像開啟了新篇章。我帶點瘀傷，流了一點血，但仍然保有一些戰鬥力。

請記住，在人生遊戲中，你**不能**只在一旁觀望，而需要積極投入，精彩生活。一路上你會碰到死胡同、路障、坑洞、狂風暴雨，還會被一大堆人唱衰你**不可能**有所成就（有時連你自己也這麼想）。然而，如果真的碰上的話，只要記住這一切都是旅程的一部分，從地上爬起來，即使傷痕累累，仍舊**繼續向前行**。

你絕對有能力擺脫困境。一旦試過一次，你就有辦法再次嘗試。如果你從未嘗試，不妨首度嘗試看看。過程不會太完美，但無論如何，總是會比你站在一旁觀望，一輩子猶豫不決更好。勇敢行動吧！

面對人生的意外挑戰時，我做的五件事

① 不要逃避現實——仔細檢視問題，了解到底發生了什麼事情。

---

② 洗個澡，讓自己的思緒沉澱一會兒。

---

③ 不要衝動做決定，先睡一覺再說，到了早上再以全新觀點因應。

---

④ 打電話給任何經歷過類似情況、值得信賴的朋友。找能回饋你意見的人，但最終制定自己的想法和計畫。

---

⑤ 一旦你弄清楚該怎麼做，不要太過執著。你的第一反應不見得是正確的，或是一旦了解更多之後，你可能會需要改變方向。這都沒關係，展開行動就對了。

7

停下腳步、
合作
和傾聽

➡ 和我喜愛的人
在一起時，我想
和他們一起做自
己最喜歡的事：
共同創造一些全
新、美妙的事
物。

這正是 H&B 開始的方式：直接投入，與我最欣賞的廚師
緊密合作，得到一個又一個的意見回饋，創造出了不起的圍裙

新設計。我開始發現自己有多喜歡這種創作模式 —— 團隊一起腦力激盪，彼此相互合作，每個人都為創作成品融入一些獨特又重要的特色。

但是，當H&B團隊在總部再度成長，圍裙生產製造開始步入正軌時，我很高興開始將目光投向新型合作計畫，藉此推動公司業務（和我本人）向前發展。以我們這樣規模小、自力更生的公司，受限於設備，我的想法往往超乎能力範圍。但是，如果找到得力的合作夥伴，我相信沒有什麼不可能。因此，我對市場保持著敏銳的觀察力，總是在尋找能夠產生加乘效果的合作夥伴。

這就是我讓自己和H&B在2016年10月展開一段五城親善之旅的起源，結伴同行的是我新結交的好朋友——Jeni's Splendid Ice Creams的珍妮，她總有源源不絕的創業靈感。我不知道是誰先想出這個主意的，還是我們兩個同時突發奇想：如果樂團都可以巡迴演出，那圍裙小姐和霜淇淋女士為什麼不能這麼做呢？此外，那時候我們國家似乎正需要那麼一點善意。

我們兩人可能都不會單獨行動，不過一旦知道彼此都有這個想法時，二話不說就一起出發了。

我飛去珍妮居住的城市俄亥俄州哥倫布市，從那裡出發，我們開著租來的露營車，帶著幾個隊友，穿越南方。我們的目標是造訪不曾去過的城市、與當地餐廳主廚見面，發送熱情。

我們打算分送一整車的冰淇淋和圍裙，一路上為餐廳人員打氣加油，留下無盡的歡笑。隨著沿路逐一拜訪，我們將建立起一個更大的社群。

我們總共花了9天的時間，走訪了5個不同的城市，包括路易維爾、納什維爾、亞特蘭大和伯明罕，走遍整個地區，贈送我們的商品、會見企業家朋友、舉辦早午餐會，在各地散播新創意。例如，我們到了路易維爾，出其不意地拜訪李愛德主廚（Chef Ed Lee）超棒的610 Magnolia餐廳。當時是中午，廚房工作人員正忙著在準備當晚服務的餐點。

「我們來了！」我們大聲嚷嚷、衝進餐廳，除了愛德主廚之外，沒有其他人知道我們會來。在那些廚師毫無所覺之際，我已經進來打招呼了，看著他們準備的美味佳餚，同時幫每一位廚師繫上圍裙。

「這是怎麼一回事啊？！」他們既困惑又興奮問道。

「嗯，我們想給你們驚喜。我們在進行親善之旅！為你們帶來冰淇淋和圍裙，讓大家開心。」

我在幫大家調整肩帶和繫腰帶的同時，也到處看看，品嚐美食。

「珍妮，把冰淇淋送上來吧！」我大聲呼叫。「馬上來！」她說。

她飛奔到露營車的冰箱前，再匆匆跑回來，手上堆滿了黑莓脆餅、蜂蜜香草豆和波士頓奶油派等口味的冰淇淋。像一陣

旋風似的，她把冰淇淋一勺勺分發給大家。

就在他們盡情享受冰淇淋的同時，我讓大家試穿新圍裙，確保他們都試過各種不同的布料和款式。現場氣氛十分熱絡，充滿了美好的感覺和甜蜜的滋味

「我不知道剛才究竟是怎麼回事，但實在是太棒了！」許多廚師表示。

然後，我們一溜煙就不見了！我們回到露營車，出發到下一站去了！唯一留下來的就是圍裙、冰淇淋和很多的新朋友。

一方面看來，以這種方式與人建立關係實在是有點荒謬，但另一方面，這正是我一直想要做的，親自沿路逐一拜訪各家餐廳的主廚，建立起強大的團隊。珍妮懂我的心思，和我一起實現這個夢想。說真的，當我回到洛杉磯時，我的臉還因為笑了太多而有些痠痛呢！

● ● ●

第二年，我走在洛杉磯市中心繁忙的人行道上，一心急著趕去參加一年一度的街頭服裝潮流嘉年華會（ComplexCon）的小組座談會。突然間，在你所能想像到的各類街頭奇裝異服的人潮當中，一位女士攔住了我。

「嗨！等等，妳是赫德利＆班奈特的人嗎？」一位超級友善的女士說道：「我來自Vans極限運動潮牌，我們一直想和妳

合作！」

「真的嗎？！」我驚呼：「公司每個人都說，我們也應該和 Vans 合作，真是太不可思議了！」

幾個月前，在 H&B 的集思廣益會議上，我曾提出 Vans 這種潮牌正是自己希望有一天能合作的夥伴。我們的行銷團隊說，這個品牌是大家要求合作的頭號對象。如今我們站在那裡，不期而遇，這是多麼神奇的機緣巧合啊。（還記得 Vitamixing 的故事嗎！）這種機會簡直千載難逢啊！

我說：「我正要趕去參加小組座談會，我可以給妳我的號碼嗎？」

蘿拉交出她的手機，我以標準的艾倫・班奈特風格，飛快輸入我的名字，拍下自己的照片，好讓她記得是我。我留下自己的聯絡方式，包括電子郵件、電話號碼，管它的，就連我的生日也留了！

我當下立刻認定這次雙方的合作會成功，不是只有在我心裡這麼想，而是和她一起大聲宣告。這就像約瑟夫主廚告訴我，有一個女人要替他的餐廳做圍裙，我立刻看到了機會並好好把握，我知道自己可以隨後再去煩惱細節，最重要的是抓住時機，全力以赴！

「這太令人興奮了，」我說：「妳一定不知道有多少人希望我們雙方能夠合作呢！」

「我也是！」她說。

　　我們站在人行道中間互相擁抱道別，四周都是趕著去參加嘉年華會川流不息的人潮。隨後，我便奔去加入自己的小組座談會。

　　我後來和她聯繫。我堅信，你在人生中所遇到真正聰明、成功的人士，大家通常都對他們有所企求，千萬不要做這種人。反之，盡你所能的付出、幫助和支持，向對方證明你很重視他們，對他們別無所求。對於老是收到別人拜託幫助的人，給予你的幫助。

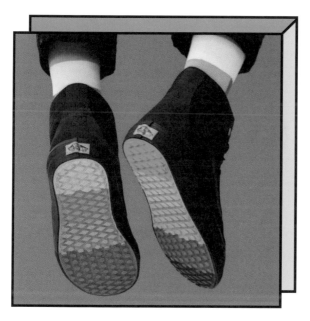

▲ Vans 運動潮牌 feat. 赫德利＆班奈特合作生產的鞋款

如何創造
精彩的
合作成果？

➤ 蘿拉和我通了電話，我們開了一次重要的集思廣益會議，會中談論了她正在進行的各種有趣業務。就像我對所有的合作者一樣，我都很認真傾聽、全神貫注，以便了解是否有什麼領域自己能參與和協助。然後，換我告訴她我們以前做過一切的有趣業務。我看得出來她也很認真傾聽，這算是很好的初步合作，我們甚至還沒有正式決定要合作的內容，只是花時間相互了解。

我真的很欣賞蘿拉，她很酷，既聰明又年輕，她是 Vans 內部的企業家，管理這家大公司的整個部門。我很清楚：我們會成為好朋友，因為她人真的很不錯。就這麼決定了。

如何贏得
潛在合作夥伴的欣賞

☐ 首先，提供對方一些好處。

☐ 致力於了解對方及其獨特的處境和挑戰，以便弄清楚如何成為得力的合作夥伴。

☐ 即使你只是一家剛起步的小公司也能有所貢獻：你的時間、精力、產品、服務，或是任何你已經建立的人脈或社交媒體管道。

H&B即將與Instagram合作，舉辦我們有史以來第一個 School of Hustle活動，這是特別為企業家舉辦的活力充沛、超級勵志的夏令營。他們可以來參觀工廠，聽聽超酷的座談會，以及與志同道合的人見面，當然，還可以盡情享用美食。我邀請蘿拉來參加座談會，讓她有機會到辦公室來，親眼看看赫德利＆班奈特是什麼樣的公司。

如此一來，在試著建立穩固的合作夥伴關係之際，友誼也誕生了。我們不停地交談和傾聽，來來回回，繼續朝著實際合作的道路上邁進。

► Vans ×
赫德利＆班奈特
於ComplexCon
嘉年華會上的
冰淇淋車

需要問問自己
和潛在合作夥伴的
一些重要問題……

☐ 你們雙方想從這次合作當中得到什麼？

☐ 對於這次特別的合作，雙方公司的目標是什麼？

☐ 這次的冒險對雙方而言，怎麼樣才算是成功？

☐ 你們是否志同道合、目標一致呢？

☐ 雙方是否各自呈現獨樹一幟、迥異的特點？

☐ 我們如何確保合作產品真正獨一無二？

★
你與合作夥伴雙方都必須能夠誠實而清楚地回答所有問題，這點很重要。

我們開始進行凝聚共識的腦力激盪會議，討論可能的合作內容，這當中沒有所謂的壞點子，只有我們侃侃而談任何可能想要合作的事，以及實際上可完成的事。這是我一生中最喜歡的事情之一。當你和別人一起創造時，就不再談論現實，而是運用想像力發明一些全新的東西。我幾乎覺得自己進入了孩童模式，像小孩子似地充分發揮夢想和創造力，天馬行空，無憂無慮。

我最喜歡的腦力激盪輔助工具

- 非常老派的紙上塗鴉，隨想隨寫
- 用麥克筆在窗戶上書寫（我家的滑動玻璃門上總是寫滿了筆記）
- 以蒐集來的圖像和素材製成情緒板
- 把 Pinterest 分享的圖片當成靈感
- 利用 Google 簡報程式，以便將腦海中所有的想法匯集於一處

和 Vans 合作是絕佳的機會。他們的產品是我們不知道如何製造、也從沒做過的項目（運動鞋）。我們也想成為好夥伴，便詢問對方：「赫德利＆班奈特有什麼讓你們感到興奮的特色，我們能夠以此做為立足點，共同發展？」結果發現，我們的客戶群與他們的非常不同——透過雙方的合作，他們正好可以藉此涉足獨特的廚師領域，我們得合作生產一種鞋款。

我們如何將 H&B 以廚師為主的專業眼光，應用於鞋類產品呢？為了讓廚師能舒適地站一整天，我們改變了鞋子內部，以配合腳形。我們在鞋背繡上了連字商標＆，也瘋狂十足地將我們公司建築外的彩虹顏色，放在鞋底。鞋子顏色是海軍藍，看起來很低調，但把鞋底翻過來後，就可以看到整個彩虹的顏色。這是要提醒自己，無論你在領域當中有多麼專業，永遠不該停止夢想、行動和努力追求，而在你的每個腳步，總是保有那麼一點活力。

2018 年 9 月，在蘿拉和我相識一年後，我們推出了聯名的特殊運動鞋款，銷售一空，這一刻我們感到非常振奮。而我們的合作並沒有就此結束。2019 年，我們聯名推出了第二種鞋款，這次我們創造了一台冰淇淋車，選在蘿拉和我多年前初次碰面的 ComplexCon 嘉年華會上市。在冰淇淋車後面，我們漆上我寫的一段引文，表達了雙方共同的哲學：「我們創造這些鞋子是為了提醒人們，要有理想、實際行動、憑空創造，並且要努力不懈就能實現夢想。」

老實說，我們的合作一直是我在 H&B 最快樂的經歷之一，也成就了我最引以為傲的一些創作成果。

我也是吃了一番苦頭，才學到這個殘酷的事實：

合作的黃金法則

只有在雙方都帶來獨樹一幟的特點，也都全心投入、貢獻、致力達成使命時，合作才會成功。

剛開始，對於所有要求我們提供圍裙，或者是想要利用我們空間或平台的人，我們幾乎都是「來者不拒」。這些年來，很多人來找我，都說著同一套話術：「我們是赫德利＆班奈特的忠實粉絲，妳們所做的一切太不可思議了，我們很樂意與妳們一起合作，希望妳們主辦這次的活動。」

當然，聽到這類的讚美令人感到很欣慰。我也喜歡幫助別人，我們在總部所做的一切努力，都是為了替客戶團體創建超棒的社群中心。但最後結果往往是，我們成了別人的活動策畫者，利用我們的空間舉辦活動，幫助對方找到參加活動的人，但很遺憾的是，並不是所有付出都能得到對方相同的回報。我們現在更謹慎選擇合作對象，因為時間和精力都是寶貴的資源，不能浪費。所以要明白，在商業上會有很多看似有趣的閃亮機會，但你必須問問自己：這是你有精力應付之事嗎？你的團隊能否幫助實現此一目標？有沒有什麼事會因為你花費時間、資源和精力而將會延後呢？這件事會讓公司朝正確的方向前進，還是只會分散注意力？

一旦你經歷過諸如此類的事，應該就會知道哪些機會可以接受或拒絕。我花了好幾年的時間才學會拒絕別人，當你終於能夠說不的時候，你會發現這其實也是一種美妙的感覺。

H & B 的合作夥伴

Williams Sonoma

Rifle Paper Co.

Joy the Baker

Oh Joy!

Richer Poorer

The Hundreds

Parachute Home

Topo Designs

(RED)

Madewell

Don Julio

Vans

8

檢修公司
營運的
「落鏈」環節

➡ 2018年某一天，我突然收到一封公司財務總監和人力資源主管的電子郵件，邀請我早上7點見面喝咖啡。

他們兩人都從橘郡（Orange County）通勤上班，平常都10點左右上班，所以我知道一定出了什麼事，我緊張得要命。

隨著公司規模擴大成長，士氣低落的情緒愈來愈高漲。到了此刻，我已經從商5年，還在努力奮鬥。我們拯救了工廠，為了因應日漸擴大的生產規模，也招募了一大批新的裁縫師進廠作業。我們把握住新機會，繼續在各大城市、各大主廚之間，擴展客戶群。我們已經發展到能夠提供員工401(k)退休福利計畫和醫療保險。我們實施了新流程，減少不小心出錯的次數。然而，我們還是人手、資源不足，基本款常常還是來不及補貨。或許最糟糕的是，我那股時速100英里的衝勁、火爆的性格不受控制，在我員工面前展露無遺。我真心覺得我們**早該**有更專業的協助了。

我試圖儘快填補公司的組織漏洞，大筆的顧問資本支出就這麼開始。2017年的大部分時間中，我做了一件至今仍感欣慰、也是以前負擔不起的事——我把錢投資在解決問題上，我聘請了一系列兼職顧問和高階主管，希望他們當中有人能在我們掉進瀑布之前，讓這艘獨木舟轉向。每個人各有所長，也都有自己的智慧。但有時候，他們的建議理論上很好，但在應用上卻出現衝突，或者根本不可行。其中一些顧問本來就是臨時性的，有些基於各種原因待的時間極其短暫，連理個髮的時間都不夠。當這些人離開H&B時，都免不了留下已經實施到一半的計畫和流程，下一個接手的人又會重新修改。就這樣製造

出一團更昂貴、更失序的混亂情勢。

　　妮爾莎和諾艾爾與之前來的人不同，她們並不急著做出一系列的重大改變。沒錯，她們是插手了，幫助解決一些明顯的問題，但主要還是花時間先了解工廠的布局。

　　當我與妮爾莎和諾艾爾坐下來，討論今日所謂的「介入協調」時，我有點忐忑不安。

　　她們開門見山地說：「首先，我們真的不明白妳怎麼能存活至今。妳在這5年來一直拚盡全力、埋頭苦幹，試著發展這家公司，基本上全靠一己之力。事實上，妳獨自走到了這一步，自籌資金，沒有外部資源，沒有債務，還能存活至今簡直就是奇蹟。但是，這並不能改變你必須有所取捨的事實。妳肩膀上有很多重擔，它們正在形成壓力，造成不良的工作環境。妳是打算讓公司裡充滿對工作不滿的人，還是要針對此事做出改變呢？」

　　當然，這番話當中也有讚美（她們行事很專業，知道在提出建設性批評之前，最好不要毀了我的自尊心）。但她們**真的**必須說出對於 H&B 內部運作所有的觀察結果，以及員工不開心的癥結點。我坐在那裡，聽完之後，就哭了。

　　「妳說得沒錯，有些東西必須有所取捨，」我啜泣道：「我累了，覺得很挫敗，真的感覺到彈盡援絕了。每一天我都得面對挑戰，我覺得我們沒有朝同一個方向前進。」

公司內部
所發生的三件事
(其中一些
我完全毫無所覺)

① 我們的帳目缺乏透明度，這代表我不知道公司實際的償付能力如何。

② 我總會產生員工不知好歹的感覺，同時還要經常忍受災難的考驗：我以為員工會很感激我為他們所做的一切，例如提供401(k)退休福利計畫和醫療保險，但這些顯然並沒有產生我所希望的效果。

③ 即使我們實施了新的作業流程，但有些人並不想改變，只因為「沿續舊習、得過且過」容易多了。

「有一半時間我都覺得你需要擁抱支持，」諾艾爾說：「但我不知道妳是不是喜歡別人的擁抱。」

「我超愛擁抱的啊……」我們相視一笑，打破了緊張的氣氛，開始了解需要調整的細節問題。

我開始每週配合新的行政管理教練，進行非常吃力不討好（但超級重要）的任務，也就是部門之間的溝通和建立關係。她已經和每個工作人員進行過一對一的面談了。我必須檢討改進如何管理和授權給團隊。

這代表我得放鬆思考，而不是立刻停下來解決問題，還把大家牽扯進來。別再試圖把所有員工都拖下水參與、解決每個問題。（員工會忙得團團轉，盡他們最大的努力，發自內心想要幫忙，但這只會徒增困擾）。這代表如果出問題，要私下與員工商討，而不是在眾人面前處理。這也表示要更明確表達我的期望和時間，同時確保員工定期回報。如果他們無法在截止日前完成任務，就要重新協商，以便減少最後一刻才出現的意外狀況。這意味著大家公事公辦、較少情緒和更多的責任制。這一切使我們能夠在工作時，不摻雜個人情感，雙方對於彼此的角色都有明確的期望。大多數時候，教練都叫我要放鬆思考，尤其是當事情變得嚴重時，也教我要從不同的角度看事情。正如她指出的：你對某件事的看法可能不同於別人的觀點，你說出了話並不代表對方必然理解你的意思。

我的天啊！媽媽咪呀！（KAPOW!）

　　一開始這真的很難，感覺好像我又重新學習走路和說話，花了幾個月的時間才看到小小的轉變。在這幾個月裡，教練和我坐在辦公室裡，協助我準備好每次的一對一員工會談。才過了沒多久，我就面對了更困難的對話。

　　大約在這段期間，我看到了U2樂團要來洛杉磯表演的消息。當時，H&B是對抗愛滋病的非營利組織RED的品牌大使，我們很榮幸能為他們設計一款特別的圍裙，將所得收益捐給該慈善事業。由於U2與該組織合作得很好（畢竟是由主唱波諾〔Bono〕一手創立的），因此我們得到了一些免費門票。我心想，這正是提振士氣的好機會！於是，我又多買了兩張門票，帶了幾個員工去參加，藉此犒賞他們上個月在人事調整期間的辛勞。

　　問題在於其他的員工不明白為什麼他們沒有得到感謝。事實上，當U2到來時，情況變得很糟，其他員工對我擺出難看的臉色，他們對這次的人事調整感到不安，覺得音樂會的邀請是我偏心的表現。一位員工透過行動公開表達她的不滿。

　　即使在教練和高層助理的協助下，我也花了一些時間才弄清楚該怎麼做。更確切地說，是6天的功夫。

　　最後，我明白自己必須大器一點，展現CEO的氣度。所以我發了一封簡訊給她：嘿，我想見見妳，我們找個地方碰面吧。

　　因此，那位不開心的員工和我找了一間泰國餐館，在一個

小地方坐下來。我剛從飛輪有氧課程過來，所以現在大腦很清楚。我腦海中不斷重覆著教練的口頭禪，以專注於話題重點：我一定要用心傾聽，聽聽她私人的抱怨，不要把她當員工看。如此一來，我把自尊心和最近紛擾的負面情緒拋諸腦後。

　　我沒有斥責她任何事情，而是從一個問題開場。「妳好嗎？妳心裡在想什麼？」

　　她把心事一古腦兒宣洩出來，在她真心誠意地告訴我她所感受到的一切時，我發現她顯然對於最近的人事變動有所誤解。我沒有因為她的誤解而斥責她，也沒有把它當成是針對我而來的（沒錯，我以前就會這麼想）。反之，我仔細聽著，心裡默默記下一些錯誤之處。一直到她把心裡的話全都抒發出來之前，我都沒有插話。

　　「我完全明白妳為什麼會這麼想，」我告訴她：「我想跟妳說一下事情的來龍去脈，讓妳了解妳所提的這幾件事情的真實狀況。」不帶任何情緒或背負沉重的怨憤，我向她透露了更多的訊息，藉此讓她看清楚事情的全貌。

　　「哦！我覺得以前妳都會找我幫忙，但妳並沒有這麼做。而且，妳只關心單一部門，尤其是，妳只邀請他們去聽音樂會，我不明白為什麼，」她說。努力到一半的艾倫深吸了一口氣說：「我完全了解妳的抱怨，不過還是想跟妳解釋一下整件事情的前因後果。」

　　等我們吃完飯，她的心態完全已經有了180度的大轉變，

開始願意配合我和整個團隊一起向前發展。此外，我走出自己的舒適圈，和員工坐下來好好談，得到了正面回饋，也發現一切辛苦都是值得的。這促使我未來更勇於在員工面前展現脆弱的一面。

在人際關係上，我首度取得突破的當晚，教練已經一路幫助我為所有談話做好準備。兩年後，這些技術當中有許多已經成為我做生意的鹽、油、酸、熱的料理之道。首先，我不再一出了狀況就暴跳如雷，即使有一些明顯緊張或不好的情緒在醞釀。反之，我試著保持冷靜思考，了解到底發生了什麼事，以及該如何妥善解決。為了確保我了解員工與老闆之間各層面的利害關係，有時我會先和出色的人力資源主管聯絡。然後，我會試著找一些沒有壓力的時間，單獨和相關員工面談，也一定總是、總是、總是先請他們表達自己內心的想法或感覺。為了確保我沒有誤解聽到的內容和員工的期待，我很認真地傾聽，也要求進一步說明。針對每一個爭議，我們都採取這些步驟，這可能花上數小時的時間對話、討論，總是讓人精疲力竭。但在當下，我都會全神貫注，致力於為員工、我自己和 H&B 找出正面的結果。老實說，處理這些困難的談話可能會漸漸變得得心應手，但實在並不容易。然而，這就是我付出這一切的目的，真正與人連結，不管是對我的客戶還是員工，我都希望他們的生活更美好。

我做生意的
「鹽、油、酸、熱」料理之道

→ 感謝主廚作家莎敏・納斯瑞特（Samin Nosrat），教我們如何在廚房中掌握美味料理元素（創造出「鹽、油、酸、熱」的料理之道）。

● 合作彷彿加很多的鹽。

● 逐步調整就像倒入少許的酸。你得一點一滴地加，直到調出合宜的口感為止。

● 謙卑學習、絕不自以為是，有如火力熱度。你必須學習如何炙烤、燒烤、烘焙、烘烤，不斷練習如何控制火候。

● 堅持不懈如同適量油脂。

● ● ●

　　當然，當問題涉及公司員工時，總是比處理不滿的客戶讓人摻雜更多的情緒和痛苦，無論我們多努力想在各方面都表現出色。和人斷絕關係對我來說一直很不容易，也許是因為我早期失去過許多，童年時經歷父母離異的**極度**混亂，隨後是創業初期的艱難。我深深渴望留住每個人，即使繼續合作顯然對大家都沒什麼好處。例如，在 H&B 剛成立那幾年，如果有員工表現不好，我會覺得是自己的錯——總是感覺自己做人很失敗，整個世界好像要崩潰一般。

　　在2018年進行重大介入協調之前，事情變得更加辛苦，訂單需求像消防水柱般向我湧來。同時，我有許多超棒的、忠誠又有才華的員工來幫忙，但他們幾乎和我一樣年輕，他們很早就加入公司，因此更在乎冒險精神和工作的使命感，而不在意報酬如何。早在大家跟我提出之前，我就知道我們需要更多的人手。自從我在工廠內外承擔更多的責任後，我比以往任何時候都更加努力工作。

　　一旦我們開始透過教練對我進行徹底改造，並進行人事重組、大力整頓H&B時，事情已經到了不得不面對現實的地步。我承認自己不能再像H&B早期那樣，幸運解決任何意外狀況，或者在最後緊要關頭創造奇蹟，我需要新協助，也必須欣然接受改善營運的流程。

　　我們停止運作了好一段時間，針對組織中的每位員工進行評估，了解他們是否適任公司和公司角色。我們做了一些前所未有的改變，規畫了H&B未來幾年的發展遠景，讓員工有機會決定，希望重新致力於未來的發展和新變革，還是說「這不適合我」，另外找出路。我們不得不在員工內部進行一些策略性調整，雖然我當時有額外的支援，但還真是不容易。然而，我開始領悟到下述事實：有時候，幫助員工轉型對於每一位相關人員來說，都是最好的選擇。

　　儘管我面對這個過程不再像以前那麼情緒化了，但當我身處其中時，還是覺得很不自在。然而，現在，我明白這是做生意的一部分，就像你必須簡化工作流程和習慣一樣──有些人很適任，有些人則不是，這都沒關係。我發現，如果自己知道必須這麼做，最好不要逃避現實或拖延行動。但是，我也絕不會在情緒高漲之際，做任何決定。要宣告開除不適任的員工，必須像招募新員工一樣，經過仔細計畫和舖排。

　　雖然有些人值得一起相伴走到天涯海角，但生意就是生意，友誼是私領域，必須公私分明，還包括不要太過情緒化或凡事往心裡去。當我領悟到這一點之後，人生就好過多了。很多真的很不錯的人，走進H&B大門，盡了一己之力，留下他們的足跡，然後繼續前進，這是自然的商業發展過程，很少會有人像我一樣這麼在乎。

　　正如教練曾對我說的：「事業就像一輛公共汽車，需要長

途跋涉，所以人們在不同的車站上下車是很正常。」習慣此事，並給員工成長和發展的空間，包含離開的自由，這些都是旅程的一部分。這並沒有使他們、公司或我本人有所損失，只是向前發展而已。如今，我也釋懷了。

9

善用
職場貴人

➡ **從小時父母離異開始，我就發誓要自己掌控人生方向，凡事絕不依賴任何人。**

在我人生中的大部分時間裡，就像條自動導向的消防水管，只有一種極速設定。在青少年、二十幾歲和H&B的草創時期，我衝勁十足、努力奮鬥，會利用自己所知創造出自身沒有的東西。雖然面對過無數次失敗，但總是告訴自己要重新振作起來，再試一次，一直朝著夢想前進。

這一直以來都很有用，直到有一天……

　　我爬到了這個奇怪的、有時令人不安的地位，成了老闆。我有責任保護團隊，在H&B免受問題困擾和歷經成長的痛苦，這樣員工才能專心工作。我也是大多數創意精力的來源，雖然那是我最喜歡的工作之一，但大腦只能容下這麼多點子，偶爾需要做點什麼來重新恢復元氣。

　　我當時沒有意識到這一點，而陷入了求生模式，導致整個局勢發展並不太妙——不管是公司，還是自己的生活。我親眼見識到，陷入舊有的思維和存在方式多麼容易，卻沒有發現它們不再適用於當前的環境或情勢。那股不屈不撓的衝勁能幫助你面對未知世界，在看不到未來前途時使你堅持下去，幫助你具體解決問題，但也有其黑暗面：有時候你會停不下來，有時候會不太善於接受別人的幫助或意見。說真的，正如我當時即將得到的全新體悟一樣，與志同道合的傢伙合作，彼此截長補短，不僅能激發你的創造力，將你推向新視野，也可以幫助你成長。

　　即使我已擴大招募員工，找了更多專業人手來完成任務、準時交貨，我們新成立的總部也準備就緒，我卻依然處於全力加速的模式。但我後來發現，謝天謝地，在創業逐夢的過程中，慢慢認識了幾位一流的人才（一些夢想家和行動家），他們很了解我所經歷的一切。我們不知不覺被對方吸引，而就在我疲於應付H&B日益沉重的責任時，發現自己往往立刻打電話向他們請益。

　　我已經看到自己的日常生活有顯著改善，搬進H&B總部大約1年左右，美國生活品牌和設計公司「Oh Joy！」的設計師喬依（Joy Cho）帶著女兒來我的辦公室，她想要設計一套母女圍裙，並在她的部落格寫一篇關於我的圍裙文章。她後來成為我最親密的朋友之一，也是我婚禮的伴娘。我發現自己會長時間傾訴只有企業家同行才能完全理解的各種頭痛問題。她全都明白。當她成為我在各種難關考驗中首先想到、也是最好的諮詢管道之一時，我才恍然大悟，對於那些親身經歷過這些考驗的人來說，我是多麼孤獨——他們深知在投資每一分錢、審慎思考每一個決策時，是多麼令人振奮、恐懼和疲憊，有時不知何故，失敗讓人感覺壓過任何一點的成功。

　　我開始更注意周圍的交友圈，經營朋友群組。每次只要遇到了不起的企業家，他們看起來經驗老道，碰過我可能會經歷的事時，我就會像口香糖般黏著對方請益。不久，我就聚集了一批創業者，包括Jeni's Splendid Ice Cream的珍妮、街頭服務品牌「The Hundreds」的鮑比・金（Bobby Kim）、個性化文具品牌「Sugar Paper」的雀兒喜・舒科夫（Chelsea Shukov）、只提供吹髮服務的美髮沙龍品牌「Drybar」的艾莉・韋伯（Alli Webb）、廚藝學校與廚房周邊品牌「Haven's Kitchen」的艾莉・凱恩（Ali Cayne）、個性包包品牌「Clare V」的克萊兒・維維爾（Clare Vivier）、美國本土花卉電商品牌「Farmgirl Flowers」的克里絲汀娜・斯坦貝爾（Christina Stembel）和襪子品牌

「Richer Poorer」的伊娃‧波林（Iva Pawling）。就這樣，我們構成了由一群創業夥伴集結而成的生命線，當中許多人都處在和我不同的創業發展階段，這對我可能很有幫助。我從來不覺得我們的談話像是在做生意，因為我們都很樂在其中，也建立了更深層的友誼，但我肯定從他們身上學到了很多東西。

找到志同道合、同時也比你更有創業經驗的人，他們會幫助你宏觀思考，促使你走出舒適圈，因為他們向你展現了無限的可能。大膽分享你目前的創業經歷，同時在他們分享個人故事時專心傾聽。從有經驗的人身上，真的可以學到很多東西。

和你有同樣經歷的人

在你身邊有誰才剛經歷此事？在他們面前，你會感受到寬慰和理解。你可以卸下心防，露出脆弱的一面。你不必賣力解釋自己的困擾、說明事情為什麼沒有成功，他們就是能理解。這些人是偉大的盟友，值得你設定快速撥號**求救**專線！！！

我愛上了現在的丈夫凱西，因為他一直是我的避風港，也很有創造力，最重要的是，他有高超的傾聽技巧。在H&B早期，正好也是我們戀愛初期，我經常會用到兩個祕密武器：凱西和我們的浴缸。每天晚上，我會躺在泡泡浴中，嚎啕大哭，凱西會坐在浴缸外面，聽著我泣訴當天或一週所發生的事情。最後，我會恣意放聲大哭，哭累了就睡。凱西引導我熬過許多崩潰邊緣，但最重要的是，幫助我驅除在內心折磨了一整天的所有想法和情緒。

順道一提，凱西碰巧也能給出非常好的建議，他是個創意十足的人，我們認識時，他創辦、經營《GOOD》雜誌已經十幾年了。他和我一樣，看到空無一物的空間，就能想像出無數的可能性，因此，我不必向凱西解釋自己的心意或願景，他都明白。從我過去一年一直「不停地」為H&B賣命以來，這種即時心靈契合的感覺是很大的安慰。我就像條止不住的消防水帶，創意和精力源源不絕，而他就像是部創意自動販賣機，總是在一旁待命，隨時提供完美的觀點或解決方案。

在人際網路中，誰可以在你遭遇困難時給你建議？當事情出了差錯時，你能向誰求助？這些人是你需要好好培養的關係。

在人際網路中，你最需要、也會變得最依賴的是背後支持的力量。

隨著H&B擴展，帶來了所有新的挑戰。與早期相比，我如今思索的是更重大的機會和問題，攸關公司未來的發展。但大多時候，我一直忙著帶頭向前衝，同時承擔身為CEO得面對的颶風級麻煩，以至於不太緊迫的問題常被我壓到待辦事項清單底部，這也代表這些事永遠沒得到妥善處理。

後來，在2017年初，當我被壓榨到像無花果乾一樣時，我得到了迫切需要的幫助，儘管當時並不自覺。我認識了另一位年輕的創業者，在舊金山的Farmgirl Flowers的克里絲汀娜。我們倆一見面就很投緣，並承諾要保持聯繫。在這種情況下，尤其是兩個忙得要命的CEO，可能很難信守諾言。然而，你是知道的，我堅信要好好把握所有碰到的優秀人才。此外，現在回想起來，我認為我們都需要這種聯繫和其所帶來的成果。

艾倫最喜愛
的企業家

→ 我一直是透過實做、觀察、投身幫助別人,同時
不斷提出問題來學習。這需要一大群幫手——所有曾
幫助過我的人,為我提供建議、專業知識和他們最寶
貴的時間資產。以下列出曾經給我最有效的建議、幫
助,對我的事業發展帶來巨大影響的貴人。

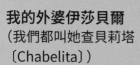

我的外婆伊莎貝爾
（我們都叫她查貝莉塔
〔Chabelita〕）

小時候，我在墨西哥坦皮科市（Tampico）看著外婆挨家挨戶賣衣服，從中學習到很多。大家總是很歡迎她帶來的正能量。重點不是她賣的東西，而是她與每一位客戶建立的關係，她讓大家感覺很愉悅。

我的泰德叔叔
玩具店 Tom's Toys 的老闆，
在加州有 3 家分店

我 16 歲時的第一份工作就是假期時，在比佛利山的商店包裝禮品。他就是我想學做生意的啟蒙老師：公平、值得信賴、有遠見、長期經營、建立長遠的關係，並贏得大家的信任，因此人人都知道與他握手成交就有如一諾千金。

他會給你很好的建議，比如：「你所能做的就是在工作上有最好的表現，還有，總是對自己做的一切感到驕傲」。

Providence 餐廳兩位共同所有人：同時身兼主廚的**邁克爾**、和身兼總經理的**多納托**

他們讓我在這家米其林二星餐廳工作，不僅教會我要給人們機會，同時，透過最後一步優雅完美的擺盤，也向我展示了全心專注於每個微小細節的重要性。透過這麼做，並致力於追求完美，你能激勵員工，而且由於你每天都在努力追求第一，也會因而改變客戶的體驗。

約瑟夫・森特諾主廚

Lazy Ox、Bäco Mercat、
Orsa & Winston、
Bar Amá、Amá Cita 等
餐廳酒吧的老闆

約瑟夫主廚教會了我「肯定」的力量，大膽雇用我這個完全沒有經驗的人，勇敢成為圍裙團隊的頭號客戶。他的無私和不可思議的工作熱情，我該如何完成一切事物。他是謙遜和勇氣的完美化身，值得效仿。

達娜・科溫（Dana Cowin）

《Food & Wine》的資深編輯、作家、電台主持人

當達娜表達支持H&B的時候，對我來說是一次巨大的成功，當她成為我的朋友時，更是令我受寵若驚。她是我另外一位學習效法的優秀人才。觀察她的行動力，我學到了好奇心的價值，以及從經驗中學習和熱切汲取新知的好處。

瑪莎・史都華（Martha Stewart）

作家、電視名人、企業家、偶像

老實說，當這位老闆娘親自來到H&B為所有梅西百貨咖啡館員工訂製圍裙配備時，實在是一件大事。她給了我很實在的建議：盡一切擴展妳的夢想，盡妳所能努力實現目標、長期經營，直到妳無法再自我成長為止。最大程度掌握自己的事業所有權，只有在萬不得已的情況下，再找人合夥。

馬丁・霍華德（Martin Howard）

Howard CDM 創始人兼執行總裁，飯店開發建設

我在 Chefs Cycle 廚師自行車大賽終止饑餓募款活動上，認識馬丁。我一路上尾隨他，學到的是，超級成功的人總是在短時間內完成很多事，更快速做出決定，也總是把真正重要的事情（家庭、慈善、成果）擺在第一位。

馬蒂・貝利（Marty Bailey）
美國服飾 American Apparel 製造部門主管

當我們搬到總部、設置縫紉車間時，他提供我們所有必要的技術建議。透過觀察他的行事方式，我學會簡單、亙古不變的基本原則價值：總是說「請」、「謝謝」，和「你覺得怎麼樣」，這些基本禮貌是很有用的。

強納森・韋克斯曼主廚（Chef Jonathan Waxman）
Barbuto（紐約）、Jams（紐約）、Brezza Cucina（亞特蘭大）、Adele's（納什維爾）的餐廳老闆兼主廚

和西馬魯斯蒂主廚一樣，他教我要多下一點功夫，才能達到完美。我看他總是如此認真地看待自己所作所為的品質，而早在我創業初期、最艱辛的那段時間，他也總是真心支持我。每次他新開一家餐廳，都會讓我參與其中。

我看到他教導許多新廚師，勇於給我們機會嘗試，不怕失敗，而我們絕不想讓他失望，因此也都沒失敗。一旦我們證明自己有實力可以承擔更多責任，他也總是不吝給予。

強納森・班諾主廚
曾服務於 French Laundry、Daniel、Gramercy Tavern、Per Se、Lincoln Ristorante 等餐廳，目前是 Leonelli Focacceria 和 Leonelli Taberna 的老闆兼主廚

我從觀察班諾主廚中，學到沒有一夜之間的成功，一切都是靠努力工作、學習、嘗試、不斷成長、不斷進化發展，並適時調整方向。還有，總是不忘回饋。他在美食界有很好的人脈關係，我也親身見證令人欣慰的成果。

馬克‧韋特里主廚（Chef Marc Vetri）

Vetri Cucina、Pizzeria Vetri 的老闆兼主廚，造福防治兒童癌症的基金會 Alex's Lemonade Stand Foundation 的 Great Chef's Event 的創辦人

和許多指導過我的大廚一樣，韋特里主廚教人要追求完美和努力工作。但是，我從他身上真正學到的是，透過慈善活動努力回饋的重要性。他不僅僅透過捐款，還有付出時間和真心。當我看到他除了照顧自己的3個孩子，還為其他事忙得不可開交時，我說：真的沒有理由不去付出更多。自H&B創立以來，每年為他的活動捐贈圍裙，我們深感榮幸。

喬恩‧萊文（Jon Levine）
從諮詢專家轉為CMO和顧問

他加入了H&B，對公司充滿信心，與我並肩一起打拚，實施變革，為H&B各方各面帶來專業精神。

他是我們公司從年輕到成長至下一階段的重要基石。當事情似乎陷入絕境時，他總是幫助我們找到出路。

丹妮爾‧布魯諾（Denyelle Bruno）
餐廳 Tender Greens 的 CEO，之前經營管理 Drybar，並推出第一家蘋果商店

在我努力掌握人力資源的訣竅時，她教我如何堅定又和善地讓員工離職，這是當老闆最難為之事。在COVID-19肆虐其間，感覺好像世界末日將至時，我打電話給她，她說：「妳現在必須要像個領導者。妳不是在徵求員工的意見，而是要告訴他們應該怎麼做。他們現在最需要的是妳的領導能力，直接下命令，採取適當的行動來因應變局。此刻，多說無益，開始行動吧。」

　　她一直在考慮週末租個房子，作為私人的小規模靜修／策略思考之處。她非常慷慨地邀請我同行，還有另一位創業者和我最喜愛的好朋友之一：Sugar Paper的雀兒喜。我們都各自貢獻一些東西。克里絲汀娜提供房子，用鮮花裝飾得美極了。雀兒喜從她公司帶來了一大堆令人驚歎的紙製品，我則打包了自己的私人儲藏室，為每個人做飯，同時為了寫下所有的想法，且能一目了然，也帶了一些喜愛的超大型便利貼。我們星期五深夜抵達租處，星期天下午離開，而竟然有辦法在這40個小時內，腦力激盪出一大堆驚人的點子。雖然大家的公司主要分布在不同的領域，處於截然不同的發展階段，但我們還是找到了相互支持和彼此照顧最好的辦法。

　　到了週末結束時，我們每個人都已經經歷了深入思考。我們已經為公司的下一年度設定好首要任務，清楚地將它們條列出來。同時，我們設定了具體的營收目標，也將它們全寫下來。為了探索需要完成什麼事才能確實達成目標，我們互相提問。我們把一切都記錄下來，方便評估全年績效表現，打算在明年再次舉辦的靜修會議上討論。我仍然保留這兩次會議的便條紙，它們是靈感和專注力的重要來源。這種全局規畫在CEO每天繁瑣忙碌的生活中，很難做到。這些對談也具有不可思議的療癒效果。你在負責領導時，有時很容易感到孤獨。那些人**深深**了解你所經歷的一切，花時間和他們相處真的很有幫助，極具啟發性。此外，這也是共享特定資源的好方法。

　　首先，我要感謝克里絲汀娜提出找地方靜思的好主意，同時規畫一切事宜。我們共度的那兩個週末真的是太棒了。然而，重點是你並不需要高檔的Airbnb或前專業廚師準備美食，才能提升靜修思考的境界。你唯一要做的事，就是給自己獨處的週末，和至少一位夢想家和行動家的同伴，好好坐下來探索。不要被社交媒體、訂購披薩，或者是任何當前業務的日常瑣事所分心。相反的，目光要放遠一點，將全副心思和創造力集中在大方向上的思考和未來的計畫上。你可以在朋友家或在自家後院進行。不要執著於你所沒有的東西，而要專注於自己擁有的。不要找藉口說你沒有足夠的時間，正如某個朋友常說的：「如果你想完成某件事，就把它交給一個忙碌的人。」

　　我從這些靜修思考中學到的東西，在很多方面都很有價值。首先，合作給了我寶貴的精神支柱，提醒我就算自己有什麼做不好的地方，也千萬不要看輕自己。有時在這段旅程中，尤其是你掌舵時，很容易認為自己在孤軍奮鬥。很多時候我都在想：該死的，為什麼這麼難啊？我幹嘛要這麼折磨自己？我有什麼毛病嗎？但是，看看這些了不起的女性，她們也經歷了一些相同的挑戰。此刻，我看到很多人和你一樣都在努力奮戰，也許你只是不自覺，除非你停下腳步四處尋找他們。

　　此舉也幫助我成長，這是我平時工作繁忙根本不會有時間或餘裕可以辦到的。它把我推向新境界，看到其他創業同儕的實例也激發了自己的創造力。她們的創新思維和解決問題的高

超技巧，一再顛覆我的觀點。很不可思議的是，雖然我們都是極速行動的人，卻沒有彼此競爭的心態。我離開時感覺深受啟發，有動力更努力打拚，更加奮勇向前，就像她們在自己人生中所做的一樣。

● ● ●

有時良師益友或同儕的價值可能只體現在很簡單的小事上，例如幫助你明白自己已知的道理，或者是讓你不再看輕自己，抑或是提醒你更遠大的目標，又或是告訴你數學運算原理。指導有各式各樣的形式，它所帶來的幫助或許超乎你此刻所能想像的。

千萬記住一件事，並非只有剛起步的新手才需要良師益友的協助。在人生的每個階段總是需要克服新挑戰，追求新知識。我一直感到很驚訝，碰上一次又一次的難關，似乎總有個完美的人適時出現在自己的生活中，並給予我最需要的建議。（嗯，我從不會羞於與這些人見面、互動，這是最大的原因之一，但適時得到幫助還真是很不可思議。）

2019年我正在為一項重大決定而掙扎，這是我打從2012年創業以來一直在猶豫的，不確定是否該接受外部投資，使公司的發展得以超越我個人能力所及的範圍。我遇到一些商業界的優秀菁英——一些絕頂聰明、有感召力、成功的人，他們

對於H&B抱持著各種令人興奮、有趣的願景。我全都仔細聆聽，與凱西討論，也和許多良師益友、內部顧問，以及我所有的企業家朋友一起仔細考慮這個選擇。但是，究竟怎麼做對公司、員工或對我來說，才是最好的，我還是毫無頭緒。

後來，我認識了羅謝爾・赫平（Rochelle Huppin），和我一樣是一位廚師兼企業家，她在二十出頭時創立了Chefwear廚師服裝公司，我也是！我們的經歷是如此相似，簡直不可思議。當我們坐下來一起共進晚餐時，我好像進入了子宮，突然間，我對於苦思已久的問題，找到了全新的視野和觀點。這並不是說羅謝爾的建議比我收到的任何其他珍貴意見都還更好。但正如我親身體驗的，當有人和你感同身受，確切了解你的意思和所經歷的一切時，你就會有一種深深的滿足感和平靜。這種感覺就好像是，謝天謝地，終於有人明白了，這世界上再也找不到這麼懂我的人。由於她經營事業已有30年的經驗了，因此和我分享了一些重要的智慧。

在我們第一次坐下來的時候，她說：「如果有什麼事是我能為妳做的，那就是不要讓妳再犯下和我以前一樣的錯誤。過去的事覆水難收，但是妳還有機會可以調整自己未來的方向。有好多次，我有機會做出選擇、大膽行動，但我沒有這樣做，因為人們勸告我不要衝動。我對此仍感到遺憾。」

她送給我最重要的禮物之一是，讓我跳脫出自己的安全環境，讓我明白外面的世界有多少人。我意識到自身大多時候都

在自己的小世界裡驅策前進，而有這麼多不同的人在不同的世界起作用。我絕不該滿足於眼前的一切，除非很確定自己已經探索了所有的可能性。

羅謝爾從來沒告訴我該做什麼或該怎麼想。教練也灌輸我，妳可以聽聽別人的建議，但不能沒有自己的主見。對於是否要接受外部投資，我知道這是自己該做的選擇，雖然壓力很大。羅謝爾正好是真正了解我、傾聽我，但也挑戰我的人。像這樣的關係也是我們一生努力追求最有價值的部分。當我回顧 H&B 的事業戰場時，把自己的韌性歸功於此事實：在出了狀況、我**無法**獨自處理時，有一群聰明、有經驗的同儕引導我站得更高、看得更遠。而且，就如同宇宙間的萬事萬物般，在這個領域，正面的成長和擴張是永無止境的。我還是不斷認識新的貴人，建立友好關係。我永遠不會停止，因為一起冒險、探索總是比較好。

信任

➡ 夢想就像最珍視的寶貝，然而每個父母都該努力學習放手。

　　我傍晚6點半離開辦公室的那天，是一生中最美好的時光之一。尤其是因為那天不是平日的工作日，而是黑色星期五。這天的地位就好比零售業的奧運會。感恩節後的第二天，大多數的零售商都有大量的銷售額、亮眼的銷售數字、反應瘋狂的節日採購熱潮。大家都說以往黑色星期五那天都搞得人仰馬翻，這簡直就太輕描淡寫了。因此，過去所有辛苦的工作、謙遜的熱情、艱難的對話和顧全大局的合作結果都成功在這一天展現，真是不可思議。請注意，我並不是說一切都很完美，但是，這是第一次，也許是有史以來的一次，我終於感覺到我們至少朝著正確的方向發展。

　　經過大量的探索試驗，我才明白這個道理：公司一切的改造升級，只有在你信任工作人員的情況下，才會有所成效。退後一步，讓其他員工發揮他們的專長，這對整個團隊的成功是不可或缺的。H&B是我的寶貝，過去幾年來身為主要的管理人，我不時努力克服萬難，維持生存。因此，我會忍不住想要參與任何一個相關的細節。但是在過去的一年半裡，說真的，我開始接受這個事實，隨著公司的茁壯成長，我其實不能、不該，也不再什麼大小瑣事都想插手管理。想要凡事親力親為或參與一切，這只會使專注力偏離自己最擅長的領域或真正需要處理的重要之事。這也會剝奪我團隊其他員工成長發展的機會，而無法達到他們對工作的期望。他們在公司總部奉獻個人的特殊專長、觀點和工作，融合成整體。我現在能提供最有幫助的事情，就是讓聰明的人去帶領各個部門、信任這些主管、滿足他們必要的需求、規畫公司願景、幫助他們看清全貌，然後，不再插手干預，同時授權給他們：自主、行動、展現出色的成果。

　　對我來說，這是很重要的自我領悟，花了我6年之久才明白。當我終於意識到這些時，就好像當頭棒喝似地點醒了自己……這才是向前發展之道，靠團隊合作，而**不再**是我一個人唱獨角戲。頓悟之後，我真的開始有意識地放手，在本能地想跳進去插手、解決各項問題之前，還得刻意強迫自己停下來，但最後我終於學會了（也將不斷地學習）把事情交給適當的人

茁壯成長：
為了成功發展，
如何建立優質團隊

➡ 經過大量的探索試驗，我們找到了一些方法能確保員工得到一切必要幫助，在 H&B 茁壯成長：

☐ 入職培訓是關鍵。新進人員開始上班時，我們會一步一步引導他們了解 H&B 是什麼樣的公司和所代表的精神——教導新進員工明白我們在做什麼，以及更深層的理念確實花時間。

■ 各部門都指派了一位 專責 經理，他們密切注意業務發展狀況，這有助於每位員工了解自己的職責，以便釐清責任歸屬。這也代表員工有直接溝通需求的管道。

■ 制定為期90天的訓練計畫，讓每位新進人員了解自己的工作職掌和其對公司整體發展產生的影響或貢獻。每週與部門經理進行 一對一的進度檢視 ，有利於大家都很清楚自己的職責所在，並確保公司運作順暢。

■ 我們的人力資源主管會確保以中立、專業的方式，處理任何棘手的情況或對話。當出現問題時，最重要的是 如何改善問題 ，而非歸咎那些可能不符合期望的人。我們會冷靜討論、記錄一切、提出友善的解決方案，並制定PIP（績效改善計畫）隨後施行。

■ 為了讓各部門主管和我能夠掌握團隊脈動，也能及早發現任何問題，每週進度報告匯集了每一天的 即時摘要 ，並且收集客戶反饋並追蹤待辦事項。

去解決。企業是一個充滿活力、自主的生態系統，需要時間培育和成長，但要學會放手，讓它自然產生該有的結果，至少對於H&B和我來說，就是這樣的。

H&B終於得以諧調順暢地運作，有恰到好處的系統和人員配置，最完美的例子就是2019年有如神話般、不可思議的黑色星期五。此時，H&B經歷跌跌撞撞的發展已7年了，大部分的拼圖塊已經到位。我們有很棒的設計和產品、忠實的客戶群，也有精簡的系統（和備份系統，以防主要系統出現故障）。我們有精心挑選的團隊，他們都是忠誠的員工，願意為公司付出，也知道自己的職責。有鑒於我過去的一些悲慘故事，你可能會預期此時我又會丟出驚人的**轉折**，開始描述自己因為一些疏忽或錯誤的邏輯，而又導致一切崩潰。

首先，我們所擁有的並非普通的系統，而是對我來說像組織成就的法寶：企業資源規畫系統ERP（Enterprise Resource Planning）。自從我聽說這套整合軟體系統，就很想要。它就像聰明的大腦，不僅連結到公司的庫存，也串連到QuickBooks會計系統、訂單出貨、Shopify電子商務平台和各家供應商，也實際控制公司的成本，對於各單位的進出貨運作狀況提供即時全貌。這聽起來很古怪，但我個人的心願之一就是安裝一套ERP系統在公司運行，假期也不例外。這代表在一年中最繁忙的時節，我們頭一次很清楚公司裡裡外外的實際狀況。

更重要的是，這令人感覺終於解脫了，不必再像以前徒

勞無益的追求技術提升。我聘請過許多在這方面的諮詢顧問，調查過無數間提供不同系統的公司，也解雇了不少人。我們甚至測試過一些系統，最後才發現並不適合，這著實令人頭痛不已。但我知道成功的大企業都有ERP系統，我一心就打算加入成功企業的行列，因此，為了擴大規模，我們也需要一套。

如今，此系統已在我們公司順利運作了。謝天謝地啊！

接下來是測試我們因應黑色星期五的勇氣，如今我們有了ERP利器，以及我們多年來所有得來不易的改進，包括我們對人力資源投入的所有心力，所以我們有了最好的人才，他們都經過適當的培訓，知道如何使用所有的工具。

當你在經營一家公司時，絕不要花的比賺的還多，所以如果你想擁有什麼東西，就必須先賺到錢。如果你需要購買一台電腦、筆記型電腦、專用設備或ERP系統，你必須先賺到那筆錢再說。

　　太神奇了，簡直棒到超乎我想像、最瘋狂的夢想。我們知道貨運包裹何時著陸、清楚原料物資何時將送達，當某產品數量少於 50 單位時，ERP 系統實際上會發出通知。此時，我們（如今已成立的！）生產準備部門會收到警示，因此可以在需求產生之前，主動開始採購材料，進行補貨。換作是早期，我們甚至不知道有危機，直到一星期後我們才發現倉庫空空如也，又有聖誕節訂單要趕著立刻出貨！

　　這些年來，我曾經多次勇敢採取行動，深信自己所做的一切對公司和員工是最好的。而且很多時候，我也嚐到了苦果，但這次的結果不一樣。這並不單純是因為裝了影響巨大的 ERP 系統，更是因為優秀的員工、社交媒體平台、策略合作夥伴，還有成長驚人、如今觸角遍及世界各地的圍裙客戶團隊，這一切終於水到渠成了。儘管為了弄清楚公司茁壯成長所需要的一切關鍵要素，我們經歷了一條曲折而複雜的道路，但公司一直以正確的方向和速度發展。我們一直堅持下去，撐過這些考驗和磨難。一路走來，即使我們仍然受到傷害，但公司已經變得更有能力因應隨時出現的挑戰。我知道這次的黑色星期五，不管出了什麼天大的問題，我都能活下來，更重要的是，我深信 H&B 也會存活。

　　雖然我們的訂單數量比去年的黑色星期五多了一倍，但實際的庫存量還應付得過來。當我看到大家忙得不可開交時，我下意識忍不住要出手幫忙。總部裡人聲鼎沸，大家忙上忙下，

急著處理事情，協調工作流程，再加上裝箱打包的碰撞聲。我在裝貨方面幫了一點忙，為一些訂單繫上蝴蝶結，但每次我主動提出要幫忙時，常常聽到同樣的回應：「不用了，我們可以搞定，」我的團隊說：「我們會處理得很好。」我站在那裡、徘徊，想參與其中，雖然他們能搞定一切。

最後，我還是退了一步，信任他們，儘管多年來在假期裝箱一直是我的工作任務之一。一開始我感覺很不自在，因為以前從沒這樣。但是，這種感受真的很棒，因為這正是我們一直致力追求的最高目標，我們真的辦到了！

更棒的是，現在我不再為瑣碎的業務細節煩惱，而是交給團隊去處理，我看到了自己真正更能發揮價值的地方。當我站在貨運部門時，不再插手，而是發揮不同的本事，以一種全新的視野觀察，放眼於大格局，不再拘泥小節而見樹不見林。由於我不再一直執著於解決小問題，因而能看得更多、更廣。

還有，貨運團隊也不只是訂單準時出貨而已，而是做得更好。面對當天很小的緊急狀況（這是每次免不了會發生的），他們自己擔下了緊急救援的任務。他們發現有一些貨物需要隔日遞送服務，而UPS人員沒有及時來收件，因此員工找出那批緊急的包裹，趕在6點前送到UPS收件處，安排寄送到目的地，以便能夠準時交貨。我們說的可是上百筆的訂單，一下子全都安全出貨了。當然，出了一些狀況，這是無可避免的。但我的觀點已經完全改變了，不再把這些意外看成世界末日。

　　此外，由於下了決心要放手、信任身邊的人，我現在有刻意控制自己不干預每個人的業務。即使在這場貨運騷亂中，少了我在旁邊急跳腳，我的員工顯然處理得很好，我們也將超越預期的目標。他們真正需要的只是我的支持和信任。我在當下突然恍然大悟：哦，是啊，我想自己可以有這麼一天，以後任何一天都是。我只需要做到不那麼緊張，相信員工都能堅守工作崗位，並達成公司對他們的明確期望。如果有人明顯無法勝任工作，那就幫他們改進，或是支持他們轉換到更樂於投入的職務，同時找到最適合這份工作的人。

　　我打電話給凱西，這次和我們戀愛初期時打給他的情況相反，當時我每天都打，有時一天好幾通，蜷縮在第一個辦公室外面的消防通道，哭得稀里嘩啦、歇斯底里，泣訴剛才發生的要命災難。

　　我說：「天啊，我的團隊真的棒透了！他們真的辦到了！」

　　這是真的。今天是銷售最忙碌的一天，意外狀況卻比以前任何時候都少了許多，這簡直令人難以置信。我發現自己傍晚6點半就能開車離開工廠時，再也沒有什麼比這個更讓我吃驚了。公司成立至今已經7年，一路跌跌撞撞，我的自尊心受損無數次，但我們終於成功了！這真的是難以形容的成就和自豪感，我後來與每個團隊成員一同分享。最棒的是，我用自己最愛的方式結束了這一天。我們家的寶貝豬奧利弗在附近酣睡（是的，我有一隻寵物大肚豬，夜晚大多睡在我們的沙發上），

我和凱西解決了剩餘的飯菜，在廚房裡聊了所有的事，安排明天的計畫，我真的很開心。

●　●　●

我不再插手干預公司每個部門或可能的職務，而是教導團隊成員做事的方法，訓練他們可以獨當一面解決問題。而我則把專注力轉回創業的初衷：我的夢想中蘊含著更深層的理念。我在自己擅長的領域中加倍努力，包括設計產品、講述產品的故事、引發別人的熱情，也繼續努力自我改善，不僅是在企業領導和設計方面，還有身為廚師、夢想家、行動家的社群一員，每天都激勵著我精益求精。總是有更多可做可學之事，也總有更多新事物和創意值得嘗試發展。我們還沒有達到完美（若真有此境界的話），但我們絕對是進步了許多！最重要的是，不要試圖控制結果，讓一切適時自然地發展。

不管你讀了多少書或花了多少時間接受訓練都無所謂，雖然這都很棒，但只有在你**下定決心**改善習慣時，才會有所改變。當你發現自己從 A 點到 B 點的成就，無法令自己更加進步時，可能會感到很不安。對我來說，成立了公司、設立了工廠、有了員工，卻要承認這一切的努力還不夠，真的很不自在。我還是必須繼續成長、學習和發展。嗯，活到老學到老啊！

在冒險過程中，每天都會出現新挑戰，不適合膽小之人。

優質團隊的六大要素

- 明確指出工作職掌和真正的期望，也就是說，說清楚你希望從員工那裡得到什麼。凡事講清楚就是仁慈的表現！

- 全方位傾聽的技巧——能夠接收訊息並給予意見回饋。

- 適應力——隨著團隊和事業的成長與變動，對於改變所帶來的不便要能隨遇而安，因為這是常有的事。

- 謙遜的熱情（這點真的適用於人生當中各個領域）。

- 責任歸屬和積極反饋。

- 每個人齊心一志達成的整體目標。

但是有一些方法可以克服困難，那就是先讓夢想起飛，隨後再解決問題，這種觀點對我而言，頗有成效。

只要我們願意再接再厲，不斷努力，就能走出成功之道。你已經聽到我是怎麼辦到的，現在，輪到你讓夢想起飛，開始行動吧。

艾倫
的重要
事項清單

☐ 開始行動吧，即使覺得很害怕，即便一切還沒準備就緒。跨出第一步之後，再去解決其他問題。

☐ 把想法付諸實行，並樂於學習。

☐ 嘗試不敢去做的小事，逐步累積自信帶的成就。

☐ 勇敢出現在對方面前，如果此路不通，那就從窗戶爬進去吧！

☐ 為自己加油打氣，並以謙遜的熱情，分享你的想法。

☐ 提出問題，尋求回饋，仔細傾聽，並運用你所獲得的資訊。

☐ 承擔自己的錯誤 —— 這是企業家的使命 —— 繼續勇往直前。

☐ 快速應變解決問題，充分利用你擁有的，以取得你缺乏的。

☐ 無懼於挫折，無論如何都要愈挫愈勇。

☐ 與其他的夢想家和行動者合作，以全新方式獲得靈感和成長。

☐ 跳脫生存模式 —— 一旦成功之後，要一直不斷、不斷、不斷地精進。

☐ 找到可以讓你卸下心防、展現脆弱一面的同儕，不要想一切靠自己獨力苦撐。

☐ 充分授權給團隊成員發揮，放手讓他們去做。

☐ 面對每一個全新挑戰，一次又一次地嘗試，永不放棄。

後記

振作起來，
繼續奮鬥！

➡ 我的事業誕生於一家餐廳廚房，我創業的首要目標和更深層的理念一直都是為餐廳廚師服務，讓他們對自己的角色感到光榮和自豪。

　　當然，在過去8年裡，業務發展已經遠遠超越了烹飪行業，但餐廳和廚師將永遠是我們業務的一部分，也是我銘記在心的一塊。

　　2020年3月我開始注意到，受到COVID-19大流行的衝擊，世界各地愈來愈多我最喜愛的餐廳和圍裙客戶陸續結束營業，我心中充滿了恐懼和不安。我們已經看到公司的銷售數字下降，我知道這種情況對H&B來說不太妙，而且我很擔心團隊成員，不知該如何照顧他們。但是，置身於眼前發生的一切，為公司的前途感到憂心之際，我同時也在關切全世界更大規模的痛苦和損失。

　　3月17日，加州的居家令開始生效。那天是星期五，為了準備好長期抗戰，我溜進H&B總部，心想著要打包任何自己可能需要的東西。沒有人知道這種情況會持續多久，可能要等上好幾個月，也許更久才能回到我的繪圖板前。我們推出了最後一刻大促銷，希望盡可能爭取一切業務，讓我們能撐多久就撐多久。我們知道在無限期關閉總部之前，仍然必須為當天下午5點前收到的所有新、舊訂單完成包裝貨運。凱西也來了，提供必要時額外的協助，幫忙我們員工處理訂單出貨，並確保最後一切電源都正常關閉。

　　我站在辦公室裡，對於平時熱鬧滾滾的公司突然變得那麼安靜，覺得很不習慣，也不知道自己究竟需要打包什麼。我停下來查看手機。當我在瀏覽Instagram時，紐約市時裝設計師克

關鍵轉折的時間軸

2020年3月21日，星期五		2020年3月22日，星期六	
8:30AM	去辦公室打包，為封城做準備	4:00AM	半夜驚醒，猶豫真的應該這麼做嗎？開始打電話找朋友諮詢。吉莉安為我打氣，鼓勵說我們必須這麼做
10:00AM	瀏覽Instagram，看到紐約州州長古莫的推文		
中午	召來裁縫師，開始試做樣品	10AM	在網站上推出口罩上市，緊張得要命！
1:00PM	打電話給鮑伯醫生，他正忙碌中	10:30AM	裁縫師進入工廠重新啟動機器 亞歷克斯印出樣板
1:30PM	製作更多樣品		
5:00PM	再次打電話給鮑伯醫生，他發現自己的醫院也需要口罩	**2020年3月24日，星期一**	
		全日	口罩製作生產中：裁剪面料、圖案印刷、製作商標，原料採購
6:00PM	開始建立網站頁面		
9:00PM	完成作業樣品	**2020年3月26日，星期三**	
9:30PM	拍照	第一批口罩開始出貨	

· · ·

2020年8月10日	已生產將近100萬個口罩，捐贈了27萬5千個口罩

利斯蒂安·西里亞諾（Christian Siriano）的一篇文章引起自己的注意。紐約州州長安德魯·古莫（Andrew Cuomo）公告，醫護人員和其他前線工作人員的口罩和個人防護裝備嚴重短缺，設計師已經動員旗下的裁縫師製作口罩。

我瞥了一眼我們的縫紉區，盡立著一排又一排的縫紉機。我們有一切必備的資源，包括許多棉布和格紋布，還有一個全新靈活的產品開發部門，能隨機變化出最好的產品。有件事是我們可以做的，這不僅只為了H&B企業的生存，也為了醫生、護士（和我母親一樣）和一般大眾，更是為了造福人群！

我立刻採取行動，就像多年前約瑟夫主廚告訴我，有人要幫他做圍裙時一樣。但現在還有更多事情要做。我們正處在一場全球危機當中，每天都有人失去生命，有迫切的需求是我們可以填補的，其餘一切就從那裡起先發展。我開始上網搜尋口罩資訊，在桌上一大卷白紙上快速畫下幾個草圖。我去跟縫紉團隊討論自己的想法——製作口罩！愈多愈好，愈快愈好——我請他們協助研究可行性。我們很快就發現，一切製作口罩所需的原料我們都有，但我想充分確定我們的設計確實值得做。我希望口罩能夠和圍裙一樣，有絕對完美的品質和關懷心意。

於是，我打電話給好朋友的丈夫鮑伯·喬（Bob Cho），他是小兒外科醫生，也擔任史瑞納兒童醫院（Shriners Children's Hospital）的辦公室主任，我向他請教口罩有何重要特點才能保證人們的安全。

「我們需要這麼做，」我說：「我想做這件事，請告訴我口罩必備的特點，我想給你看看我有什麼，我會帶到你家去。」

他已經習慣了我的急性子，但這是一件非常嚴肅的事。

「我不知道這是不是個好主意，」他說：「但我現在忙得要命，得接一大堆電話，我們下午晚些時候再聯絡吧。」

我掛了電話，回去工作。我已經行動到一半，現在停不下來了。當天稍晚的時候鮑伯醫生和我再次通話時，我們已經做出六種可能的樣版供他參考。他剛剛才從前線得到令人不安的消息：他整個醫院庫存嚴重短缺，他們現在也需要口罩。

我們都意識到：這件事一定要成功才行。

這天是星期五下午，我想到口罩點子的同一天。我在Instagram 上貼了一張自己戴著製作中的口罩照片，還有一張我們的口罩原型製作便條，立刻得到了七千個讚和一連串的正面評論。

在幾次FaceTime討論中，鮑伯醫生和我制定了計畫，決定了我們口罩的基本款，我以我們最喜歡的座右銘之一命名：振作起來，繼續奮鬥。對於那些急需防疫的第一線工作人員，口罩內可多加一個過濾層。這些口罩當然比不上醫療院所專用的N95、外科或手術用的口罩。然而，並沒有足夠的專業口罩可以提供給每一個迫切需要的人。我們製作的口罩至少可以當成替代品。對於全世界的一般人來說，在公共場合戴著這些口罩是絕佳的選擇。在縫紉團隊的協助下，當天快結束之時，我們

做出了第一批原型。為了確保原料充足，我們和供應商取得聯繫。我們可以的。我們真的這麼做了嗎？！是的，我們已經在行動了！

　　那天到了晚上9點左右，我們已經從早上進門時準備關閉工廠，變成準備推出全新產品。在生產團隊在週末下班前，關掉工廠的燈源，拉下車庫般的大門後，凱西和我是最後還留在總部的人。我們知道需要拍一些口罩的照片，才能放到公司的官網上。不同於以往典型的照片拍攝需要幾個星期的規畫、郵件溝通，還要有好幾個團隊參與，我們從公司的攝影棚內找出一個巨大的無縫背景，長寬各約8英尺，拖著它穿過展示廳，

◀

張貼在我們公司官網上、用iPhone拍成的照片，成了公司的關鍵轉折點

繞過咖啡吧，經過溜滑梯，直接拉進廚房，因為那裡是大樓晚上光線最好的地方。凱西伏在地板上，用一些衛生紙把口罩塞滿，以便他用手機拍下成品。然後，他要我戴上口罩，將攝影燈光照在我身上，從上到下打量我。

「來一點微笑吧？」他以一貫甜蜜的方式說道。

我只是挑高眉毛看著他，可是我了解他的意思。我雖然感覺很疲憊，也知道他是對的，便露出微笑。我還先跑去拿了一條睫毛膏，在黑暗中塗了一些。當我從辦公室跑回廚房時，我看到產品開發牆上有一條我超愛的黃色印花方巾。為了加點裝飾，我把它繫在脖子上，添加一點色彩。咔嚓一聲，照片就拍好了。

45分鐘後，我們把照片寄給公司資深的行銷經理阿維瓦進行編輯。我們用FaceTime來回溝通修正，直到所有的細節都恰到好處為止。他努力編修這些拍攝條件很差的照片，想辦法讓它們看起來鮮豔明亮，就像由專業攝影拍攝而成的。在團隊成員的協助下，加上鮑伯醫生提出的規格，我們草擬了一份說明文件。

經過了漫長又多事的一天後，我們精疲力竭地癱倒在床上。但是，在凌晨4點左右，我突然醒來，再也無法入睡。一切都準備好了，現在唯一要做的就是扣板機。但我充滿了懷疑：我們真的要這麼做嗎？我們應該這麼做嗎？這太瘋狂了。

但是，在我內心深處，製造口罩就像做圍裙一樣，我知道

是正確的事，也是基於我做人更深層的理念。我傳了簡訊問即將上任的新營運總監：「你還醒著嗎？」他正準備要從德州搬到洛杉磯，我猜想他可能還沒睡，結果不然。所以，我接下來給朋友吉莉安發了簡訊。當我坐在黑暗中，擔心結果，問她萬一沒有成功怎麼辦時，她勸我要保持冷靜。我們正在忍受病毒肆虐，這不是一件容易的事情，攸關人們的健康。但是，我們得做點什麼，必須嘗試看看。我離開自己熟悉的避風港，航向未知。到了星期六下午，我們已經在H&B網站上推出了口罩買一捐一的方案。每出售一個口罩，就會捐出一個口罩，送給有迫切需要的醫護人員。

到了週末快結束時，我們改造了縫紉區，不僅僅為了因應製作口罩，也為每台機器安排社交距離，好讓裁縫師工作時，安全無虞。我們提供額外的客戶服務支援，也找了協力廠商幫助我們更快速運送口罩。我們遍尋鬆緊帶、購買一堆材料、打電話聯絡，全天趕工，忙到不知今夕是何夕，也搞不清楚時間。曾經接待過無數廚師和客人、舉辦過許多熱鬧活動的實驗廚房，現在變成了第二貨運站，員工在那裡將口罩分類、計算和準備郵寄。當然，所有員工都得戴著口罩工作——這是「新常態」，至少在這段時間都得如此。

值得慶幸的是，這次的關鍵轉折使我們能夠立即為員工、合作夥伴和供應商創造和挽救就業機會，光洛杉磯就有150個。後來，為了滿足我們的需求，不得不聯繫世界各地已經關

改造了 H&B 的圍
裙縫紉區,進行
口罩製作生產

閉工廠的供應商,要求他們重新開工,因此拯救了更多的就業
機會。我們在哥倫比亞的供應商表示,他們的工廠有一千位員
工,如果工廠持續關閉,員工將面臨失業。在兩個月的時間
裡,我們已經生產了50多萬個口罩,也捐贈了20萬個口罩。
面對如此巨大的災難,知道餐飲業可能永遠無法完全恢復到昔

日榮景，此刻能有一些具體貢獻，做一些對我們社區有幫助的事，這種感覺真的很不可思議。

這是故事中令人開心、鼓舞人心的部分。

但事實是，這幾乎和我多年前開始發展圍裙事業的旅程完全一樣。沒錯，我的資源、系統和團隊都比以往更加強大。但我還是像在 H&B 早期時一樣，受到許多當頭棒喝，有很多人在一旁對我大聲勸阻，而這次的風險也更大。即使再有經驗和眼界，也沒有神奇魔力能讓這些困難自動消失。但我有一些不怎麼祕密的武器來引導我：我有「振作起來、繼續奮鬥」的座右銘，也深信想要成功最有力的方式，就是先讓夢想起飛，隨後再解決細節問題。這正是我們又一次成功辦到的事。

是的，過程中很多地方都出了問題。在縫製好、包裝、運往世界各地的30萬個口罩的客戶中，我們收到大約三千件投訴抱怨。我知道就統計學而言，這是相當不錯的成績。然而，正是那些不滿意的客戶讓我寢食難安，我不僅想讓他們開心，也總是希望追求完美。諷刺的是，我們面臨很多和早期圍裙製作相同的問題：尺寸大小、合不合身，該如何使每個口罩適合所有人的臉型，感覺好像為他們量身訂製。同樣又發生令人頭疼的帶子問題。同樣地，我們也得教客戶如何正確戴口罩、清洗。我們仔細研究每一則收到關於所有細節的正面評價和抱怨，重新回到繪圖板前，一次又一次地修改各項缺失。至今還沒結束，我們會永遠不斷地調整改進，直到產品盡善盡美為止。

即使我得到了所有的技能和經驗，還有一群優秀的支援團隊，再次跳進未知世界仍然需要很大的勇氣。但我對於巨大的使命有更清楚的認知。當世界被凍結時，我們仍在努力運作，為自己努力、為公司努力、為我們的社區努力，也為彼此努力。這種感覺很恐怖、令人害怕，同時又很美妙。我比以前更加倍努力工作，除此之外，沒有其他更好的辦法。

就像圍裙一樣，我們在口罩上也犯了很多錯誤，但我們的努力來自真心誠意。我認為只要你認真地做事，向人們解釋你正在為此而努力，也正在改進當中，他們就會接受你的。

有些時候，我大可提醒自己，我們就靜靜等著事情過去吧，卻反而選擇跳入汪洋之中，開始為我們的生存而奮鬥，如今也為了保護成千上萬人的安全，造就了這個振作起來、繼續奮鬥的行動。這絕對不只是關於口罩產品，而是攸關你所做一切背後更深層的理念。

如今我有了更多工作背景，但還是會犯錯誤，因為人生追求任何目標不可避免伴隨著顛簸，這沒得商量。而殘酷的事實是，你永遠預料不到會出什麼差錯。你想要有所成就嗎？每一次成功都會經歷失敗，兩者缺一不可，但是沒關係。我這樣說不是為了嚇唬你。這是你身為企業家的職責，也是做人的天職。不管發生什麼事，你都努力試過了，你應該為此感到自豪。成功在於你如何勇敢面對所碰上的困境，以及你如何能夠盡可能透明、樂於協助和迅速改正錯誤。

COVID-19大流行是一場全球性的悲劇，對餐飲世界本身是小小的不幸，我再說什麼都不能改變這一點。但我漸漸體會到總是會出現更巨大的事：一個挑戰、一個需求、一個武裝號召、一個「振作起來、繼續奮鬥」的理由。所以，你最好準備去面對吧，因為世界需要你的魔法，遠超乎你的想像。我們在人生的汪洋裡相見，一起向前衝、衝、衝吧！

致謝

━━━━━━━━━━

➤ 我要感謝母親，行事超有效率、有權威又堅強。她教導妹妹和我克服人生障礙，不管發生什麼事，都不要擔心，做就對了。

我的妹妹梅蘭妮，謝謝妳巨大的包容心和熱切的情感，這使妳總是在生命的雲彩中飛翔，妳是如此特別。

馬里奧舅舅（來自另一個母親那邊的）。我希望你知道我正在努力地參與各種冒險，感謝你為我指引方向。

赫德利祖父和艾爾莎祖母，感謝你們的奇特古怪、養烏龜和大丹狗、下午4點喝茶、閱讀《大英百科全書》，還有祖母總是維持優雅的儀態和完美的卷髮。真希望你們還在世，看到我們的成長，但我知道你們會在天上守護我們。

我的爸爸，總是一字不漏地閱讀技術手冊，強迫我練習自然發音教材《Hooked on Phonics》，以及在我13歲時教我學習開手排車。你讓我小時候就贏得一切，為此我永遠心存感激。♥

凱西，我的丈夫和左右手，感謝你成為我的避風港。我們剛認識時，不像兩個一半、結合為整體，而是兩個整體結合在一塊兒，組成5個成員的家庭。你是我完美契合的靈魂伴侶——我們彼此相互鼓勵、扶持，結果總是一起向前成長。

泰德叔叔，感謝你對我無數的問題從不加以批判，謝謝你每一次的精神鼓勵，以及在我最需要時，及時送上的三明治。

莎拉‧唐姆林森（Sarah Tomlinson），感謝妳陪伴我度過兩年的時間，微笑著重新安排每通電話，傾聽我每次奮戰的故事。妳憑

著一股和善堅定的力量，把我拖過終點線。這本書是關於百折不撓的故事，妳就是光榮的典範。真心感謝妳幫助我完成這本書，讓我又達成了一項人生目標，把我一團混亂的思緒轉變成書，希望本書能對他人有益。沒有妳的協助，我是絕對不可能辦到的。

妮可‧圖爾特洛（Nicole Tourtelot），妳不只是我的代理人，反而更像人生教練。在許多方面，妳都像是這本書的空中交通管制員。通常都是我去說服別人，但妳卻說服了我。我真的很佩服妳，從妳身上學到了很多東西，感謝妳。

莉婭‧特勞博斯特（Leah Trouwborst），感謝妳為這本書奮戰，對於我們丟給妳的任何內容，總是抱著好奇去了解，並努力讓它變得更好。妳引導著我們，同時也深入戰壕與我們同在，幫助我們一起解決問題，完成了這本書，希望能激勵讀者更努力追求自己的人生。

感謝整個Portfolio團隊成員，尤其是妮基‧帕帕多普洛斯（Niki Papadopoulos）。此外，最要感謝的是亞德里安‧絜克海姆（Adrian Zackheim）：我們初次見面時，你的精力和觀點就是全場焦點，我立刻知道我們是同一類人，你完全了解我的理念，這對我來說，意義非凡。能夠加入Portfolio出版團隊，讓我感到無比驕傲和榮幸。對我來說，Portfolio是嚴肅、傑出的出版業代表，而亞德里安，你就是幕後重要的推手，表現相當出色。

艾萊娜‧蘇利文（Alaina Sullivan），感謝妳憑視覺想像敘事幫助我們完成這本書，妳把我在腦海裡看到、甚至自己無法解釋的東西，以完美的文字具體表達出來，就好像妳自己一直身歷其境一樣，用妳的視覺想像完成了這本書。

感謝H&B 團隊如此專業，同時努力不懈地追求我們的下一篇章。你們每天都激勵我。O.G. H&B團隊，尤其是凱文、戴莎、艾莉、瑪麗莎、瑞秋、諾艾爾、馬蒂、約翰。謝謝你們與我分享彼此生命中的樂章。

感謝所有相信 H&B、並一路扶持協助的人，尤其是：伊恩・肖夫林（Iain Shovlin）、諾娜・法拉尼克・亞德加（Nona Farahnik Yadegar）、約翰・阿德勒（John Adler）、亞萊克西・貝雷津（Aleksey Berezin）、帕蒂・羅德里格斯（Patty Rodriguez）、布萊斯夫婦（Richard & Jazmin Blais）、蓋文・凱森、考威・山普利西（Caue Suplicy，美國食品科技公司「Barnana」的CEO）、班・戈德里希（Ben Goldrisch）、埃文・馮克（Evan Funke）、亞倫・西爾弗曼（Aaron Silverman）、奧米德・達沃迪（Omid Davoodi）、蓋瑞・弗萊克（Gary Fleck）、馬克・韋特里、達娜・科溫和巴克萊（Barclay）、柯特妮・史密斯（Courtney Smith）、丹妮絲・雷斯塔里（Denise Restari）、雪莉・菲力浦斯（Shelley Phillips）、尼克・特蘭（Nic Tran）、克里斯・托伊（Chris Toy）、比利・杜雷尼（Billy Dureny）、達倫・利特（Darren Litt）、查克・伯克（Chuck Berk）、里奇・施萊辛格（Ricky Schlesinger）、史蒂芬妮・伊扎德（Stephanie Izzard）、艾莉絲・卡普洛（Iris Caplowe）、布雷特・希雷夫斯（Brett Shirreffs）、艾莉・凱恩、約瑟夫・森特諾、奧爾頓・布朗（Alton Brown）、布萊恩・沃爾塔吉歐（Bryan Voltaggio）、邁克爾・沃爾塔吉歐、南希・西爾弗頓（Nancy Silverton）、尼爾・弗雷澤（Neil Fraser）、張錫鎬、瑪莎・史都華、強納森・韋克斯曼，尼爾和凱絲、蓋瑞特、黛安、托里、雷恩、貝卡、茉莉和布麗塔尼。

▲ 在我家的廚房裡，為《紐約時報》專訪展露笑顏

怕什麼？如果你的夢想值得冒險

作者	艾倫·班奈特（Ellen Marie Bennett）
譯者	何玉方
商周集團榮譽發行人	金惟純
商周集團執行長	郭奕伶
商業周刊出版部	
總監	林雲
責任編輯	林亞萱
封面設計	FE 設計
內文排版	林淑慧
出版發行	城邦文化事業股份有限公司 商業周刊
地址	104 台北市中山區民生東路二段 141 號 4 樓
	電話：(02)2505-6789　傳真：(02)2503-6399
讀者服務專線	(02)2510-8888
商周集團網站服務信箱	mailbox@bwnet.com.tw
劃撥帳號	50003033
戶名	英屬蓋曼群島商家庭傳媒股份有限公司城邦分公司
網站	www.businessweekly.com.tw
香港發行所	城邦（香港）出版集團有限公司
	香港灣仔駱克道 193 號東超商業中心 1 樓
	電話：(852) 2508-6231　傳真：(852) 2578-9337
	E-mail：hkcite@biznetvigator.com
製版印刷	中原造像股份有限公司
總經銷	聯合發行股分有限公司　電話：02-2917-8022
初版 1 刷	2022 年 9 月
定價	380 元
ISBN	978-986-5519-69-8（平裝）
EISBN	9789865519780（EPUB）／ 9789865519773（PDF）

國家圖書館出版品預行編目(CIP)資料

怕什麼？如果你的夢想值得冒險：從廚師助理到百萬圍裙女王的職涯路，只要會一半，另一半用闖的！/艾倫·班奈特(Ellen Marie Bennett)著 ; 何玉方譯. -- 初版. -- 臺北市：城邦文化事業股份有限公司商業周刊出版：英屬蓋曼群島商家庭傳媒股份有限公司城邦分公司發行, 2022.09
240面；14.8 x 21公分
譯自：Dream first, details later : how to quit overthinking and make it happen!
ISBN 978-986-5519-69-8(平裝)

1.企業管理 2.策略規劃 3.創業

494.1　　　　　　　　　　　　　　　　　　110013623

藍學堂

學習・奇趣・輕鬆讀